游戏数据分析实战

黎湘艳 叶洋 著

电子工业出版社

Publishing House of Electronics Industry

北京·BEIJING

内 容 简 介

本书主要针对游戏策划、游戏运营、游戏数据分析、产品数据分析挖掘、数据平台开发维护人员及对数据分析感兴趣的读者，介绍怎样利用数据分析游戏生命周期中各阶段遇到的问题。

本书主要分为三部分：第一部分主要介绍游戏数据分析相关指标体系，通过这套体系，可以初步监控游戏整体运营情况；第二部分主要介绍游戏正式发行前期的市场调研、渠道用户质量分析、竞品分析及投资收益预测，对游戏品质进行定位，评估正式上线后的效果；第三部分主要对游戏正式发行后的用户流失、活跃用户分类、付费习惯、版本迭代效果、区服合并等主要问题进行深入探讨，实现游戏的精益化运营。

本书的特色是以详细案例为主，通过 SPSS、Excel 等工具逐步展示实施步骤，用手把手的方式让读者快速掌握游戏数据分析方法。

图书在版编目（CIP）数据

游戏数据分析实战 / 黎湘艳，叶洋著. —北京：电子工业出版社，2018.1
ISBN 978-7-121-32787-2

Ⅰ. ①游… Ⅱ. ①黎… ②叶… Ⅲ. ①数据处理 Ⅳ. ①TP274

中国版本图书馆 CIP 数据核字(2017)第 236940 号

责任编辑：石　倩
印　　刷：固安县铭成印刷有限公司
装　　订：固安县铭成印刷有限公司
出版发行：电子工业出版社
　　　　　北京市海淀区万寿路 173 信箱　邮编：100036
开　　本：787×980　　1/16　　印张：18.25　　字数：400 千字
版　　次：2018 年 1 月第 1 版
印　　次：2025 年 4 月第 15 次印刷
定　　价：79.00 元

序 1

2001 年，我刚开始负责《热血传奇》的运营，当时还没有专业的数据分析岗位和数据分析师，那时候主要是由运营人员自行统计在线人数、在线时长、玩家等级等诸如此类的基础数据，由此验证或调整我们的运营方向。

随着业务的发展和人才的培养，我们在数据分析领域也涌现了大量的人才，为业界提供了很多重要的指标和算法，这都是在深入业务后，结合专业知识得出的重要成果。

如今，市场环境、用户习惯和推广方式都在发生快速的变化，精通业务的数据分析师在游戏发行、市场投放等运营决策上所起的作用越来越大。用数据去分析用户的特征，尤其是在核心用户和非核心用户的游戏与消费习惯的观察上，对于精细化运营非常有帮助；虽然数据增长的原因有很多，但想办法复制成功案例并将其最大化是所有人都期望的。数据分析不是先知，望天算卦逢凶化吉，数据分析也不是医生，不要在游戏出现问题以后再想着通过数据分析来包治百病，合理地运用分析工具的前提更是要对自己的游戏及玩家有深刻的认识。

本书的两位作者都具备多年的游戏数据分析经验，能很好地配合游戏项目，深入了解游戏，主动给出各项有价值的分析报告，为项目决策提供很好的参考。他们能将平时积累的工作和经验在本书中分享给大家，是件值得称赞的事情。本书干货较多，希望各位读者能从中得到收获和启发，在实际工作中得到帮助。

最后，对于数据分析人员，我想说的是分析数据需要熟悉业务，并与项目团队紧密沟通，才能发挥出数据分析的最大价值。

沈杰

盛大游戏副总裁，传奇工作室、群星工作室总经理

序 2

从游戏产业诞生开始，数据分析就一直伴随游戏的研发和运营的全过程。2001 年，盛大网络通过《热血传奇》开启了中国网络游戏产业。网络游戏的 24 小时在线和高度的用户互动，为游戏数据分析提供了前提条件；通过数据分析输出的结果，及时有效地反馈到游戏的研发设定和线上社区，形成了良性和有效的循环。

早在 2003 年，盛大网络向行业输出了 PRAPA 分析模型，针对游戏的用户推广（Promotion）、注册用户（Register）、活跃（Active）、付费（Pay）、平均用户收益（ARPU）进行有效的分析指导，为游戏行业的成熟提供了标杆。在当时的盛大网络内部，我们针对游戏的用户体验瓶颈环节，设立"卡外掉充安"（卡机、外挂、掉线、充值、安全）专项，通过数据分析不断进行验证和调整，使得用户体验满意度持续行业领先。

同时，游戏数据分析还指导着产业变革。在 2005 年，盛大网络率先变革游戏商业模式，从之前的时长计费变为道具收费，这意味着之前的逾 10 亿元年收入归零后重新开始。在此之前，公司内部已进行了超过半年的数据分析和业务试点，最终全面施行，深刻影响了游戏产业。

伴随数据分析技术的发展、游戏形态从端游到手游的进化、渠道与社交网络的演进，基于大数据的用户画像和数据多维交叉分析，为游戏的精细化运营提供了新的契机和动力。

作者是盛大游戏数据分析专家，从事游戏行业 16 年，历经多种岗位，亲历了中国游戏行业从萌芽到蓬勃发展的历程。《游戏数据分析实战》一书的出版，是作者支持逾 50 个游戏项目，历经游戏全生命周期的数据分析工作经验的沉淀。书中案例多为作者亲身参与和实操的案例，通过生动翔实的业务背景描述、图表、效果对比，呈现了游戏数据分析的理论、方法、工具及与业务深度结合的特性，相信能够为有意向投身游戏数据分析或运营、研发的朋友提供有效的指引和启迪。

我与作者相识近 20 年，也一路见证了作者个人的快速成长，期待后续能够持续输出优质的内容给读者和游戏行业。

郭忠祥

盛大创新院前常务副院长，WiFi 万能钥匙 CEO 办公室主任

前言

2016 年 9 月，我接到老同事叶洋的电话，邀请我与他一起写一本关于游戏数据分析的书。因为自己平时的分析工作更多是针对项目本身，分析内容比较零散，有些分析通用性不强，所以担心自己不能很好地将经验整合，将分析体系完整表达，但在写作的过程中使我对过去的分析经验进行了一次回顾与总结，希望读者能够从中有所收获。很感谢这样的机会，对我自己来说也是一次很好的工作提炼。

我从 2008 年开始进入公司数据中心，2013 年开始参与公司项目组支持新游戏上线工作，2016 年正式调入手游事业部（目前的群星工作室）。在近 10 年的工作中，经历并参与了超过 50 款以上的端游和手游每个测试节点的数据分析相关工作。在没有进入项目组之前，数据分析工作主要围绕封测和公测节点的留存率评级及数据异常分析，进入项目组之后，接触一线业务，才发现原来一款游戏的数据分析有这么多的事情可以做，每一件事情，都能得到业务方的反馈，比如哪些地方分析得很到位，哪些地方还需要进一步分析，看到这些数据后该采取什么样的对策（包含版本优化、运营活动和市场活动等），数据分析结论得到反馈并能产生落地的效果，这是数据分析最大的价值。做有价值的事情，并找到乐趣，有了乐趣就能把事情做得更好，我想这就是工作的良性循环吧。

有很多数据分析人员都有一个困惑，他们大多是数学专业相关的研究生，但总在做一些查询统计的相关工作，分析的成分非常少，因此认为数据分析工作很枯燥。其实，要将分析工作做好最重要的是主动了解业务，不深入游戏项目了解业务，分析工作就相当于闭门造车，其分析结论也是空中楼阁，当你的分析结论得不到业务方的认可时，久而久之，你的分析工作就会停留在查数据的层次上，没法和游戏项目组沟通达成一致的业务理解，从而形成恶性循环。分析师的工作体现不出价值，项目组对分析师的工作仅依赖其给出一个数据结果。

在历经多个项目的深入实践和分析后，我逐渐整理出了一系列的方法，且对各项分析有了一套较完整的分析思路，趁着编写本书的机会，能把部分工作做出总结，将碎片化知识体系化，并为相关人员提供参考，是非常有意义的事情。也希望能为业内和业外想了解数据分析和从事数据分析相关工作的人员提供一些帮助，不管是分析思路还是游戏分析的主要工作内容。

本书贯穿整个游戏生命周期，提供了丰富的数据分析案例，从预热到封测，再到公测，均为作者在实际工作中经历的真实案例。案例分析包含数据来源、分析方法、分析过程、分析结论及小结。通过本书，不但能较深入地学习数据分析方法，还能了解到运营和市场的相关知识。

本书案例中用到的数据均按公司要求做了必要处理，仅供参考，并非真实数据。

作者分工：

第 1 章，第 2 章，第 3 章，第 4 章 4.1 节～4.3 节、4.5 节、4.6 节，第 5 章的 5.1 节、5.3 节、5.4 节，第 6 章 6.1.5、6.1.6，6.3 节，第 7 章 7.1 节、7.5 节，第 8 章第 8.1 节、8.2 节、8.3 节、8.5 节为黎湘艳编写；

第 4 章 4.4 节，第 5 章 5.2 节，第 6 章 6.1.1～6.1.4 节、6.2 节，第 7 章的 7.2 节、7.3 节、7.4 节，第 8 章 8.4 节为叶洋编写。

本书适合读者：

- 游戏行业内初、中级分析师；
- 游戏行业内运营、市场、研发人员；
- 对数据分析有兴趣，或者想了解游戏数据分析的工作人员。

勘误和支持：

本书案例均来源于实际工作，其中的部分结论，可能不适用所有游戏，而是要区分不同的应用场景。

虽然作者对本书内容精益求精，但限于作者的知识和视角，本书难免有表述不清，以及部分场景下分析方法和思路不适应的问题。在此，我恳请读者不吝指教，若发现本书存在不足之处，请发送邮件到 lixiangyan@outlook.com，作者将尽快给出回复，且在本书再次印刷时进行修正。

致谢：

感谢我的领导沈杰，在他的带领和培养下，我从一名不懂业务的分析师成长为一名对游戏业务较熟悉，能对游戏各种业务进行分析并得出结论的游戏数据分析师。

感谢电子工业出版社的编辑张慧敏和石倩，对本书进行了审稿并提出了很多建议。

感谢郭忠祥多年来对我的帮助和支持，并在得知我要写书时给我加油打气，使得我更有信心将这本书写好。

感谢谭群钊带领我加入盛大游戏，有幸成为他的下属，在他带领的那几年，我的成长特别快。

感谢陈大年，刚进盛大时，他对我们的要求特别严格，后来才慢慢理解，现在觉得非常珍惜。

感谢岳弢，对本书的大力支持。

黎湘艳

目录

轻松注册成为博文视点社区用户（www.broadview.com.cn），扫码直达本书页面。

- **提交勘误**：您对书中内容的修改意见可在 提交勘误 处提交，若被采纳，将获赠博文视点社区积分（在您购买电子书时，积分可用来抵扣相应金额）。

- **交流互动**：在页面下方 读者评论 处留下您的疑问或观点，与我们和其他读者一同学习交流。

页面入口：http://www.broadview.com.cn/32787

第1章

“数羊”与数据化运营

1.1 “数羊”的故事

一个农民有一群羊，他找了一个年轻帮手，农民问年轻人：“你看看这群羊怎么样？”随即，年轻人走入羊群进行考察，并用各种统计方法和不同工具进行了全面地判断。最后，他告诉农民，羊群共有 1460 只羊，其中仅有 5 只公羊、500 只母羊，其余为羊羔，根据一些特征，羊群可以分为“安静肯吃型”（不挑食、育肥快）、“四处跑动型”（经常在羊群外围跑动、挑食）、“活蹦乱跳型”（小羊，活蹦乱跳，它们的行为会影响成年羊）三类。农民听后既惊讶又失望，惊讶的是一个没放过羊的人会和他一样了解羊群，失望的是他所听到的都是他早已知道的。

今天，数据分析员、数据分析师就有同样的境遇。他们是企业内部的“智囊”，被寄予厚望，企业管理者希望他们能发现公司业务和企业发展中存在的问题，为管理层提供解决方案，甚至能够为企业发展的战略方向给予决策支持。然而，真正体会到其价值的企业恐怕并不多，就像“数羊”故事中的年轻人一样，数据分析员、数据分析师们很快掌握了企业内部的“经验”，每个问题都能说出个一二三，但能为企业增值做出的贡献又有多少呢？

或许你可以考虑如此回答农民的问话：

羊群共有 1460 只羊，其中仅有 5 只公羊，其余为母羊和羊羔，可以繁殖的母羊有 500 只。当务之急是卖掉可以出栏的小羊，马上引进一定数量的种公羊，以解决当前种羊和母羊比例严重失调的问题；根据对市场的预估，5 月份每卖掉一只小羊将比 4 月份多赚 200 元，因此，我们必须把握先机，4 月前完成育肥，5 月清栏；对于“四处跑动型”羊，有必要采取一侧前后两条腿绑绳的方法限制其大范围跑动，目的在于减少不必要的能量损耗，对于“活蹦乱跳型小羊”应采取与成年羊隔离放养的方式。

数据分析员、数据分析师不应当只会“数羊”，只是发现那些本就应该发现的“经验和常识”！而应当掌握数据探索方法，发现数据潜在的价值，既要预见可能将发生的某种“坏的未来”，也要预见“好的未来”，在规避风险的同时，也能抓住机遇，真正体现出数据分析工作的价值。

1.2　数据分析的定义及步骤

1.2.1　什么是数据分析

顾名思义，数据分析就是通过对数据的分析形成更易于理解的知识。专业的说法，是指根据"业务理解"，采用"适当的统计方法"对收集的数据进行清洗，提取有用的信息和规律，以简明易懂的方式"呈现"给使用人员，发挥数据的作用。

1.2.2　数据分析的 6 个步骤

数据分析的过程主要包括 6 个既相对独立又互相有联系的阶段：明确需求、数据收集、数据处理、数据分析、数据展现、报告撰写（见图 1-1）。

图 1-1

➤　明确需求

了解分析需求的目的、分析范围、分析时间。确定需要分析的内容。

➤　数据收集

收集需求中所要用到的数据。对于游戏数据分析，根据数据来源可以分为以下两个部分。

（1）企业内部数据：又可分为游戏行为数据和问卷调查数据，其中游戏行为数据主要来源于游戏数据库，问卷调查数据来源于问卷后台数据库。在条件允许的情况下，将这两类数据定期同步至数据仓库，提高数据收集的效率，数据同步工作主要由 BI 部门实现。

（2）企业外部数据：当需要做舆情监控、竞品分析时，需从新闻、论坛、贴吧、QQ 群等渠道收集数据，可以通过爬虫工具爬取至本地，或者手工导出至本地。

➤　数据处理

根据分析需求，我们需要对收集到的数据进行处理，例如将明细数据聚合为统计数据，基于统计数据计算分析指标，以及利用预测模型计算预测数据等。

在数据处理过程中常用的技术/工具包括 SQL、Excel、文本处理、R 等，由于数据来源不一、格式各异，因此数据处理一般会占用我们较多的时间。如果在数据收集阶段提前做好数据需求，和研发、BI 等相关部门做好沟通，那么在数据处理阶段就能大大提高工作效率。

➤　数据分析

数据分析即用适当的数据分析方法及工具，对处理过的数据进行分析，提取有价值的数据，形成有效结论的过程。常用的分析方法有对比分析法、分组分析法、结构分析法、交叉分析法、漏斗图分析法、矩阵分析法、综合评价分析法、5W1H 分析法、相关分析法、回归分析法、聚类分析法、判别分析法、主成分分析法、因子分析法、时间序列、方差分析等。

> 数据展现

数据展现主要通过图表来实现，常用的图表制作工具有 Excel、SPSS、SAS 和 R。常见的图表有饼图、折线图、柱形图/条形图、散点图、雷达图、金字塔图、矩阵图、漏斗图、帕累托图等。

图表的作用是表达形象化、突出重点、体现专业化。

制作图表时需要注意：明确所要表达的主题或目的；选择最适合主题的图表；检查是否真实地展现数据；检查是否准确地表达了你的观点。

> 报告撰写

撰写分析报告，要熟悉分析报告的结构特点。一般来说，游戏分析报告采用总分结构，其内容分为标题、导语、结论和详细分析四大部分。

（1）标题：分析报告的标题即为主题，是整个报告的主旨，标题不宜太长，要求主题明确、简练。

（2）导语：也称前言、总述、开头。分析报告一般都要写一段导语，以此来说明这次情况分析的目的、对象、范围、经过、收获、基本经验等，这些方面应有侧重点，不必面面俱到，一般用一句话概述。

（3）结论：分析结论是基于严谨的数据分析推导而来的。在做总结分析时，若能提供建议并对数据进行预测，则能为数据分析带来更多的价值。之所以把结论放在分析过程的前面，是因为它非常重要，起到了开门见山的作用。邮件收件人收到邮件后，能直接看到结论而不需要一页页往后翻，假如结论放到详细分析之后，则有可能被部分人忽视，因为不是每个人都有充足的时间把每个数据看完。

（4）详细分析：详细分析是分析结论的推导过程，为分析结论提供有力的数据支持，一般由图表和文字相结合而成，需要注意不是图表越多越好，和结论相关性不强的图表可以舍去。

1.2.3 常用的数据分析方法

常用的数据分析方法有对比分析法、分组分析法、结构分析法、交叉分析法、漏斗图分析法、矩阵分析法、综合评价分析法、5W1H 分析法、相关分析法、回归分析法、聚类分析法、判别分析法、主成分分析法、因子分析法、时间序列、方差分析等。

> 对比分析

对比分析法，也叫比较分析法，是将两个或者两个以上的数据进行比较，分析它们的差异，从而揭示数据代表的事物的发展变化和规律性。

对比分析可分为静态比较和动态比较两大类。静态比较也叫横向对比，是同一时间下对不同指标的对比；动态比较也叫纵向对比，是同一总体条件对不同时期指标数值的比较。

> 分组分析

分组分析法是为了对比，把总体中不同性质的对象分开，以便进一步了解内在的数据关系，因此分组法必须和对比法结合运用。

> 结构分析

结构分析法指分析总体内的各部分与总体之间进行对比的分析方法，即总体内各部分占总体的比例，属于相对指标。一般某部分的比例越大，说明其重要程度越高，对总体的影响越大。

> 平均分析

平均分析法是运用计算平均数的方法来反映总体在一定时间、地点条件下某一数量特征的一般水平。

> 交叉分析

交叉分析法又称立体分析法，是在纵向分析法和横向分析法的基础上，从交叉、立体的角度出发，由浅入深、由低级到高级的一种分析方法。通常用于分析两个变量（字段）之间的关系，即同时将两个有一定联系的变量及其值交叉排列在一张表格内，使各变量值成为不同变量的交叉结点，形成交叉表，从而分析交叉表中变量之间的关系，也叫交叉表分析法。

> 漏斗分析

漏斗分析法是结合对比分析法、分组分析，比较同一环节优化前后、不同用户群、同行类似的转化率。通过漏斗各环节业务数据的比较，能够直观地发现和说明问题所在。

> 矩阵分析

矩阵分析法是比较重量级的分析方法，根据事物的两个指标作为分析的依据，进行分类关联分析，找出解决问题的方法。比如，以属性 A 为横轴，属性 B 为纵轴，构建一个坐标系，在两坐标轴上分别按某一标准进行刻度划分，构成四象限，将要分析的每个事物对应投射至这四个象限内，进行交叉分类分析，直观地将两个属性的关联性表现出来，进而分析每个事物在这两个属性上的表现。

> 综合评价分析

综合评价分析法是将多个指标转化为一个能够反映综合情况的指标进行评价，用于解决复杂的分析对象。

> 5W1H

5W1H 分析法也叫六何分析法，是一种思考方法，是对选定的项目、工序或操作都要从原因（何因 Why）、对象（何事 What）、地点（何地 Where）、时间（何时 When）、人员（何人 Who）、方法（何法 How）这 6 个方面提出问题进行思考。

> 相关分析

相关分析是对客观现象具有的相关关系进行的研究分析。其目的在于帮助我们对关系的密切程度和变化的规律性有一个具体的数量上的认识，做出判断，并且用于推算和预测。其主要内容包括：（1）确定现象之间有无关系；（2）确定现象之间关系的密切程度；（3）测定两个变量之间的一般关系值；（4）测定因变量估计值和实际值之间的差异。

> 回归分析

研究变量之间存在但又不确定的相互关系以及密切程度的分析叫作相关分析，如果把其中的一些因素作为自变量，而另外一些随自变量变化而变化的变量作为因变量，研究它们之间的非确定因果关系，就是回归分析。

> 聚类分析

聚类分析（Cluster Analysis）属于探索性的数据分析方法，是根据事物本身的特性研究个体分类的方法，其原则是同一类中的个体有较大的相似性，不同类的个体差别比较大。根据分类对象的不同分为样品聚类和变量聚类。通常，我们利用聚类分析将看似无序的对象进行分组、归类，以达到更好地理解研究对象的目的。

> 判别分析

判别分析是根据表明事物特点的变量值和它们所属的类求出判别函数，根据判别函数对未知所属类别的事物进行分类的一种分析方法。与聚类分析不同，它需要已知一系列反映事物特性的数值变量值，并且已知各个体的分类。

> 主成分分析

主成分分析法也称主分量分析法、主成分回归分析法，是利用降维思想，把多指标转化为少数几个综合指标的方法。

> 因子分析

因子分析是将多个实测变量转换为少数几个综合指标（或称潜变量），它也反映了降维的思想。通过将相关性高的变量聚在一起，达到减少需要分析的变量的数量，从而减少问题分析的复杂性。

> 时间序列分析

时间序列分析（Time Series Analysis）是一种动态数据处理的统计方法。该方法基于随机过程理论和数理统计学方法，研究随机数据序列所遵从的统计规律，以用于解决实际问题。

> ➤ 方差分析

方差分析又称变异数分析，用于两个及两个以上样本均数差别的显著性检验。

1.3 数据分析的价值

对数据分析人员自身来说，数据分析实践能提高业务数据意识和数据分析能力，实现数据分析师的职业进阶之路。数据分析师发展会有几个层次：初级数据分析师，以统计工作为主；中级数据分析师会接触图表展现、模型预测等方面的工作；中高级的数据分析师，就会涉及关键指标的设定及数据产品或数据体系的规划；对于高级数据分析师而言，就需要协助企业管理层进行业务的战略规划，对企业发展方向提供决策支持。

从数据本身来说，数据分析的价值在于通过数据驱动业务，产生落地的解决方案，提高产品运营效率，提升产品健康度，有助于企业减少成本、增加收入。在游戏行业，主要包含以下几个方面：

（1）为企业管理层提供企业整体运营情况数据，设立预警指标并监控其是否有异动，快速定位指标异动原因；获取并分析同行企业产品的主要指标数据及其与本企业产品的对比；获取行业市场规模、畅销游戏类型、IP 和题材等数据。通过多层次、多角度的数据分析报告启发决策人员发现战略商机，了解同行发展动态，从宏观上把握市场发展趋势，及时发现市场热点。

（2）通过游戏测试数据，评估产品质量，帮助产品定位。预估最优市场投放金额，为市场投放决策提供依据，合理分配资源，减少资源浪费。

（3）对高价值用户进行画像，分析其行为和偏好，制定有针对性的营销策略；建立高价值用户的流失预警模型，挽留预流失用户，帮助提升游戏用户活跃度和收入；稽核用户质量，提早发现异常用户，避免造成损失。

（4）分析用户流失原因、流失用户行为特征，提出版本修正建议，让用户更好地体验游戏，配合运营活动减少用户流失并提升收入。

（5）通过文本挖掘，分析用户反馈和舆情数据，解决产品问题和分析竞品数据。

（6）监控各位置的转化效率、价值，进行资源位合理安排和定价。监控广告投放效果，有助于市场人员及时发现问题，优化素材内容和形式，使其投放效果最大化。

（7）帮助开发人员发现问题，通过崩溃数据、用户不正常行为等因素定位 bug 及其原因；帮助测试人员发现问题，通过数据定位问题发生的具体场景，进行有目的的测试。

1.4　一份好的分析报告应具备的要点

分析报告的输出是整个分析过程的成果，是评定一个产品、一个运营事件的定性结论，很可能是产品决策的参考依据，因此写好一份数据分析报告非常重要。笔者认为一份好的分析报告，应有以下一些要点：

（1）要有一个层次分明、架构清晰的框架。层次分明能让阅读者一目了然，架构清晰更能让人容易读懂，这样才让人有读下去的欲望。

（2）一定要有明确的结论，没有结论的分析报告已经失去了它本身的意义，不能称之为分析报告。

（3）分析结论要准确精练，每个分析结论最好能在一行以内描述清楚，多个分析结论可以编号描述，一篇报告的分析结论不宜过多。

（4）分析结论一定要基于紧密严谨的数据分析推导过程，不要有猜测性的结论。

（5）要考虑到阅读者的专业背景、职业特点，从便于阅读者理解的角度来编写分析报告，以便于阅读者快速从报告中获得其所需要的信息。

（6）数据分析报告尽量图表化，图表比数字更便于人们直观理解问题和结论。

（7）要有逻辑性，通常要遵照"发现和提出问题→分析问题→解决问题"的流程开展分析，逻辑性强的分析报告也容易让人接受。

（8）好的分析必然是以对产品和业务的深入理解为基础的，不了解分析对象的基本特性，分析结论必然是空中楼阁，无法叫人信服。

（9）一切分析都应基于准确可靠的数据，没有正确的数据源，分析结论必然会对读者造成误导。

（10）好的分析报告一定要有解决方案和建议方案，分析的目的不仅是发现问题，更重要的是要能解决问题。

（11）不要害怕或回避"不良结论"，分析报告不是一个粉饰太平的工具，发现产品问题，在产品缺陷和问题造成重大损失前解决故障，避免损失就是分析的价值所在。

1.5　图表制作的要点

1.5.1　常用数据图表

"数据可视化"是一个热门概念，是分析师手中的优秀工具，好的可视化是会讲故事的，它向我们揭示了数据背后的规律，可以帮助用户理解数据。图表是"数据可视化"的常用手段，其中又以基本图表——柱形图、折线图、饼图等最为常用。数据的图表展示有以下几种，如图 1-2 所示。

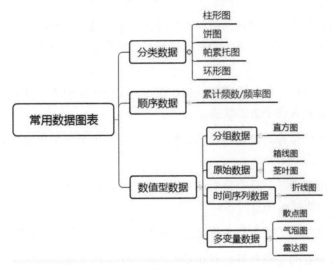

图 1-2

另外，漏斗图也是常用图表之一，适用于业务流程比较规范、周期长、环节多的流程分析，通过漏斗各环节业务数据的比较，能够直观地发现和说明问题所在。在游戏分析中，通常用于转化率比较，它不仅能展示用户从进入到付费的最终转化率，还可以展示每个步骤的转化率。

1.5.2 Excel 绘图技巧

1. 动态数据源引用

在做数据日报、周报或月报时，通常会有固定的数据模板，在 Excel 中创建图表后，需要定期向源数据中添加新的数据，如果每次都通过手工更改数据源的方法来更新图表则比较烦琐。可通过引用动态数据源的方法引用数据，这样在对源数据进行删除和增加后，图表可以自动更新，大大提高工作效率。具体的操作步骤如下（本书中以 Excel 2010 为例）：

为数据源定义名称。以下为数据源，如图 1-3 所示。工作表的名称为 GDP，Excel 文件为源数据。

	A	B	C	D	E	F	G
	各省GDP（亿元）						
		年份	广东	江苏	山东	浙江	河南
		2016年	79512	76086	67008	46485	40160
		2015年	72813	70116	63002	42886	37010
		2014年	67792	65088	59427	40154	34939

图 1-3

制作一张各省份 2014—2016 年 GDP 收入的图表，如图 1-4 所示。

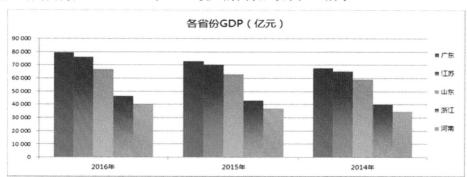

图 1-4

在 "公式" 选项卡下单击 "名称管理器"，如图 1-5 所示。

图 1-5

弹出 "名称管理器" 对话框，单击 "新建" 按钮，新建名称，如图 1-6 所示。

图 1-6

此处用到的函数有 OFFSET 和 COUNTA。OFFSET 函数的语法是 OFFSET (reference,rows, cols,height,width)，比如次数名称 "广东" 内的函数为 OFFSET(GDP!$C$3,0,0,COUNTA

(GDP!$C:$C)-1,1)。"GDP!$C$3"指选中 GDP 这个 Sheet 里的 C3 单元格，rows 和 cols 指从 C3 单元格向下移动几行，向右移动几列。此处数值均为 0，表示停留在 C3 单元格没有移动。height 和 width 表示引用的范围是几行几列，这里填的是"COUNTA(GDP!$C:$C)-1,1"。COUNTA 的语法是 COUNTA(value1,[value2], ...)，表示选中范围内非空单元格的数量。此处"GDP!$C:$C"表示 GDP 这个 Sheet 里 C 列非空单元格数量为 4，除去标题后有 3 行数据，所以后面减去 1，表示选中以 C3 单元格为参照系的 3 行 1 列数据。

2. 编辑数据

完成"名称管理器"的编辑后，在"插入"一栏下面选择"柱形图"中的二维柱形图，用来创建柱形图。图表插入完成后，选中图表，鼠标右击选择"选择数据"命令，编辑图表数据，编辑引用名称管理器，广东省的数据如图 1-7 所示，其他省份的添加方法类似，添加完成的结果如图 1-4 所示。

图 1-7

引用数据时，前面写文件名，后面接着所引用的名称。

3. 创建动态图表

首先在"开发工具"选项卡下面插入一个控件，并画出控件，如图 1-8 所示。

图 1-8

画好控件后，设置控件参数，如图 1-9 所示。

图 1-9

此处数据源选择的是 2014—2016 年，并将单元格 B1 设置为单元格链接。新建名称"年"，引用位置为" INDEX(GDP!\$C\$3:\$G\$5,GDP!\$B\$1,) "。 INDEX 函数的语法是" INDEX(array, row_num,column_num)"，array 为引用的数组，row_num 为引用的行，column_num 为引用的列。在这里表示 C3:C5 这个区域内，引用 B1 行。通过选择不同的年份，B1 单元格数值表示不同的行，如图 1-10 所示。

图 1-10

接下来，在"插入"选项卡下面选择"柱形图"中的"二维柱形图"，用来创建柱形图。

图表插入完成后，选中图表右击，在弹出的菜单中选择"选择数据"命令编辑图表数据。引用的数据源为图 1-10 在"名称管理器"中创建的名称"年"，系列值内引用的内容是：源数据.xlsx!年。横轴引用的是各省份名称。效果如图 1-11 所示。

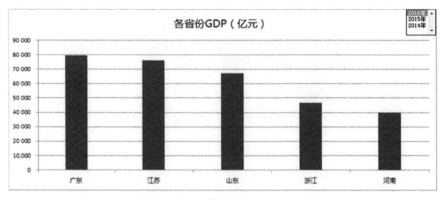

图 1-11

1.6 怎样成为一名优秀的数据分析师

优秀的数据分析师需要具备这样一些素质：有扎实的 SQL 基础，熟练使用 Excel，有统计学基础，至少掌握一门数据挖掘语言（R、SAS、Python、SPSS），有良好的沟通和表达能力，做好不断学习的准备，有较强的数据敏感度和逻辑思维能力，深入了解业务，有管理者思维，能站在管理者的角度考虑问题。

首先，要打好扎实的 SQL 基础。

SQL 基础之所以重要，是因为数据分析师分析的数据大多都是从数据库中提取而来的。有良好的 SQL 功底并能熟悉使用，不仅能提取到需要的数据，还能大大提高工作效率。尽管有部分数据可以通过报表等其他途径获得，但绝大多数的数据仍需要通过自己写 SQL 语句。对于一些需要深入分析用户行为的数据，用 SQL 提取数据的时间可能会占据整个数据分析过程的 50%，甚至80%，而对于未开发成数据报表的常用数据需求，比如游戏封测、开测期间的日报和周报，则需要编写大量的 SQL 语句来查询相应数据，这时如果熟悉存储过程，能够自动化或半自动化地实现日常数据收集，就会事半功倍了。

目前使用较多的数据库有 MySQL、SQL Server 和 Oracle，数据分析师必须掌握的常用语句和函数有如下几种。

（1）合计和标量函数：Count()、Max()、Sum()、Upper()、lower()、Round()等。

（2）distinct——distinct 关键字可以过滤重复的数据记录。

（3）Top——结合 select 语句，Top 函数可以查询头几条和末几条的数据记录（仅限 SQL Server，在其他数据库，可用 limit 语句、rownum 列等方式实现相似的目的）。

（4）Order By——结合 select 语句，Order By 可以让查询结果按某个字段正序和逆序排列。

（5）Group By——Group By 子句可以对查询的结果集按指定字段分组。

（6）Group By & Having 子句——Having 语句基于 Group By，定义分组条件。

（7）Inner Join，Left Outer Join，Right Outer Join and Full outer Join——多表的列关联，即通过 Join 可以将不同物理表中的数据列根据一定的关联条件合并成一个结果集。

（8）Union 合并查询：Union/Union ALL 查询可以把多张表的数据行合并起来，Union 在合并时重复的数据仅保留一行，而 Union ALL 则是直接合并，不会处理重复行。

在大数据时代，有很多查询工具可供选择。Hive 和 SQL 是目前比较主流的工具。Hive 是基于 Hadoop 的一个数据仓库工具，可以将结构化的数据文件映射为一张数据库表，并提供完整的 SQL 查询功能，可以将 SQL 语句转换为 MapReduce 任务进行运行。Hive 和 SQL 是非常相似的，最主要的区别就是 Hive 缺少更新和删除功能。如果你可以熟练使用 SQL，就可以平稳过渡到 Hive。另外，一定要注意两者在结构和语法上的差异。

其次，要熟练使用 Excel。

Excel 可以进行各种数据的处理、统计分析和辅助决策操作，作为最常用的数据处理和展现工具，数据分析师除了要熟练将数据用 Excel 中的图表展现出来，还需要掌握为生成的图表做一系列的格式设置的方法，如：系列格式美化、三维格式美化，以及坐标轴和网格线设置等，图表可以与函数或宏等功能一起联用，制作出模拟图表或带有交互效果的高级图表，比如在中国地图上标注各省的人口分布等，实现这些能得到更好地数据分析和查看效果。Excel 里面自带的数据分析功能，很大程度上能完成专业统计软件（R、SPSS、SAS、Matlab）的数据分析工作，这其中包括描述性统计、相关系数、概率分布、均值推断、线性、非线性回归、多元回归分析、时间序列等内容。熟悉使用 Excel 的各项功能对一名优秀的数据分析师来说非常重要。

再次，要有统计学基础。

统计学是收集、处理、分析、解释数据并从数据中得出结论的科学，其中的理论及依据就是数据分析的理论和依据。统计学是数据分析的理论基础，可以使数据分析更加系统化，以系统的数据科学作为数据分析的指导，才会更好地为数据分析服务。没有统计学基础的分析师的职业发展之路不会长远，因为其在工作中可能会常常遇到不知道该用什么方法找寻数据规律的瓶颈，因此掌握数据分析的统计学基础知识是成为一名优秀数据分析师的基础，这也是在招聘数据分析师岗位时要求应聘者具有统计学知识的原因。当然，如果不是统计或数学专业，分析师还可以通过自学统计学相关书籍的方法学习。

统计学知识主要包含：用于集中趋势分析的平均数、中数、众数；用于离中趋势分析的全距、四分差、平均差、方差、标准差；研究现象之间是否存在某种依存关系的相关分析；确定两种或两种以上变数间相互依赖的定量关系的回归分析；揭示同一个变量的各个类别之间的差异，以及不同变量各个类别之间的对应关系的关联分析、R-Q 型因子分析；研究从变量群中提取共性因子的因子分析；用于两个及以上样本均数差别的显著性检验的方差分析；概率及分布、参数估计、假设检验等经典统计学内容。

最后，至少熟悉并精通一种数据挖掘工具和语言。

以 R 语言为例，R 编程语言在数据分析与机器学习领域已经成为一款重要的工具。R 作为脚本语言凭借其良好的互动性和丰富的扩展包资源可以方便地解决大部分数据处理、变换、统计分析、可视化的问题，并可以重现所有的细节。R 的优势在于有包罗万象的统计函数可以调用，特别是在时间序列分析方面（在游戏行业也有很好的应用），无论是经典还是前沿的方法都有相应的包可以直接使用。因此，掌握 R 语言可以提高整体的生产力。然而，要成为一名优秀的数据分析师，仅学会使用一门语言远远不够，还需要修改数据挖掘语言的程序包或模型，因为现有的程序包或模型有局限性，在前期数据处理上还是不够自由，如异常值的处理、变量处理等，而自己写代码编程也可以根据自己的需求进行编写，实现更多的个性化需求。

一名优秀的数据分析师，还应该主动熟悉业务。

以游戏公司为例，如果不熟悉游戏产品制作流程、系统架构、基本运营思路，不知道游戏玩家的基本游戏行为和情感诉求，那么数据分析工作就相当于空中楼阁，所以要多了解策划人员的游戏设计理念、运营人员的版本计划，抓住一切机会多观察和学习其工作思路和方法，并参与其具体的实施过程，这样才能逐步积累真正的游戏业务经验。现实情况中很多游戏数据分析师都没有这样的经历，也就没有相关的经验积累，所以他们大多数的工作产出主要是一些非产品相关的平台数据分析内容和结论；当然，笔者相信并非他们不愿意去积累，而是受限于企业中的一些机制，比如大多数游戏数据分析师是在技术部门或平台部门，而非具体的产品部门，少有切实深入到业务现场的机会。在这种环境下，更需要自己主动去了解业务，多玩游戏，多主动和产品部门联系，若脱离行业认知和游戏业务背景，即使有很好的统计学功底，分析的结果也往往只能停留在数据解读层面，甚至出现因为不了解业务背景而使结论错误的情况。从另外一个角度来说，懂业务也是数据敏感的体现，不懂业务的数据分析师，看到的只是一个数字。反之，懂业务的数据分析师，则看到的不仅仅是数字，他明白这个数字代表什么意义，更能针对数据分析结论提出有针对性的建议，对产品或者企业来说都是非常有价值的。

懂游戏业务是做游戏数据分析师的基本要求，这种观点不仅适用于游戏行业，对任何其他行业也是一样的道理。优秀的分析师不仅要懂业务，而且要非常熟悉业务。

撰写报告的能力对成为一名优秀的分析师来说也非常重要。

即便有严谨的分析思路和有价值的数据资料，如果不能将其写成报告，或者写的报告未能准确清楚地表达出数据中隐含的规律，那数据的价值将大打折扣。一份好的分析报告，数据资料是功底，报告的框架是支柱，报告的格式是军装，独特见解是亮点，预测方法是刀枪，正确的判断是见证。在撰写报告时，深入地思考，深入分析，逻辑严谨，结论有说服力，能提前预测数据趋势，能从问题中引申出解决方案，提出有指导意义的分析建议，这些都是一名优秀的分析师所体现的特质。

除了以上的硬实力，数据敏感力、逻辑思维能力、归纳能力、批判性思维能力、交流沟通能力、责任力这些软性的技能也是优秀分析师必须具备的素质。另外，如果分析师能站在更高的角度思考问题，有管理者的思维，则能在众多分析师中能脱颖而出。

以上有些素质是我们在入职场之前就具备的，而有些则需要进入行业环境后逐步积累和建立。成为优秀的数据分析师需要具备过硬的业务素养和技术能力，这绝非一朝一夕之功，需要在实践中不断成长和升华。一个优秀的数据分析师应该以数据价值为导向，放眼全局、立足业务、善于沟通，认真对待每一次的数据分析工作，在工作中快速成长。

1.7 游戏业务相关数据

用户从下载游戏到进入游戏的行为数据结构图如图 1-12 所示。下例数据是以游戏公司发行手游的数据为例，区分了公司官方（公司官方渠道）、iOS 官方、Android 和 iOS 越狱渠道。用户登录游戏后的游戏行为数据，概括为三大类，分别是用户成长、社会关系和经济系统。

本书的数据分析案例，也主要围绕这些数据点来进行分析。

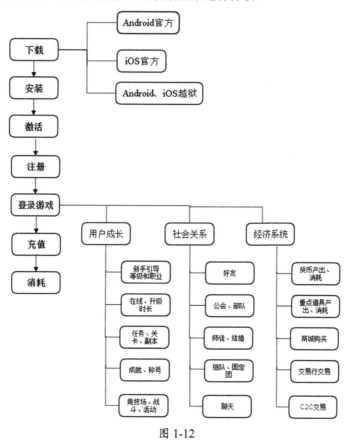

图 1-12

说明：一般游戏公司会有本公司官方的 Android 渠道，可以理解为与外部渠道对等的一个分发渠道。下面案例中有很多都是通过官方渠道 SDK 获取到的分析所需数据。

1.8　案例：不同写法的分析报告分享

1.8.1　《游戏 A》：春节对其收入和活跃人数影响分析

对 2015—2017 年《游戏 A》在春节期间的收入和活跃人数的影响进行分析，主要结论如下：

（1）春节未能刺激第 1 季度的收入和在线人数上涨，收入较上季度低 13%～20%；在线人数仅 2017 年第 1 季度小幅上涨（上涨 1.8%），其余季度下滑 11%～13%。

（2）春节期间未登录的高端用户活跃日期规律性较高。春节前 3～6 天登录人数开始下滑，大年初三登录人数出现低谷，在大年初七后人数逐渐恢复平稳。50%的高端用户在春节节后 20 天内可以回归游戏，同时 15%的高端用户流失。

（3）付费用户的登录人数于春节前 15 天开始下滑，付费用户回归时间受春节后首次付费活动影响（2016 年 2 月 14 情人节活动，2015 年 3 月 1 日付费奖励活动）。

（4）未登录的高端用户和付费用户仅少量在其他游戏登录（高端用户占 1.4%，付费用户占 0.8%），付费用户中有 84%登录了《游戏 B》。

点评：

（1）因本次分析的主要目的是分析 2017 年春节对收入和人数的影响，并通过前 3 年的数据找出规律，因此其结论最好分成两大块内容：一是总结近三年春节期间付费用户的规律；二是单独分析 2017 年春节的情况。

（2）"在线人数仅 2017 年第 1 季度小幅上涨（上涨 1.8%）"，既然其他季度人数均下滑，那 2017 年第 1 季度上涨的原因是什么，此处需做说明。

（3）"50%的用户在节后 20 天内可以回归游戏，同时 15%的高端用户流失"。近 3 年的流失率是否一致，15%的高端用户流失是指多久的流失时间？

（4）"未登录的付费和高端用户仅少量在其他游戏登录（高端用户占 1.4%，付费用户占 0.8%），付费登录用户中 84%登录了《游戏 B》"这种写法容易让人误解为 84%的用户登录了《游戏 B》，因此需要修改。

（5）本次分析总结了 2015—2017 年春节期间的用户登录数据，是否能通过与 2014 年进行对比寻找规律？

修改后：

对《游戏 A》在近 3 年中春节对其收入和活跃人数的影响进行分析，主要结论如下：

1. 春节期间付费用户规律

（1）春节未能刺激第 1 季度的收入和在线人数上涨，收入较上季度低 13%～20%；除 2017 年第 1 季度外，其余季度在线人数下滑 11%～13%（2017 年第 1 季度因小号影响，在线人数上涨 1.8%）。

（2）春节期间未登录的高端用户的活跃日期有很强的规律性：春节前 3～6 天登录人数开始下滑，大年初三登录人数出现低谷，在大年初七后人数逐渐恢复平稳。30 天回归率 57%，60 天回归率 67%，120 天回归率 75%，流失率 15%（1 年以上未回归视作流失，近 3 年回归率仅相差 1%～5%）。

（3）付费用户数于春节前 15 天开始下滑，春节后首次付费活动可带动付费用户的回归（2016 年 2 月 14 日情人节活动，2015 年 3 月 1 日付费奖励活动）。

（4）2015—2017 年的春节效应较 2014 年释放得更早：2014 年春节期间较前 7 天上涨 7%，后 7 天上涨 17%，近 3 年较前 7 天下降 5%～8%，较后 7 天下降 10%～21%。

2. 2017 年春节对付费用户影响

（1）春节对付费用户影响较大：2017 年春节期间未登录的付费用户至今已回归 19%。未登录的高端用户至今已回归 46%。

（2）2017 年春节期间未登录的付费用户未转移至其他游戏。仅少量付费用户在其他游戏登录，占 0.8%。其中，84% 的付费用户（共 742 人）登录了《游戏 B》（根据用户特征判断该部分用户为小号）。

注释：春节期间即除夕至大年初六。

1.8.2 《游戏 B》：新版本效果分析

《游戏 B》2017 年 1 月 1 日 4.0 版本效果数据如下：

（1）新用户登录的激活转化率相比 3.9 版本提高 10%，目前为 27%；

（2）4.0 版本首周日活跃人数比之前提高 16%，目前日均活跃达到 10 万人，点卡用户在线时长提高到 3 小时，相比之前提高 0.6 小时；

（3）1 月 1 日至 7 日总充值账号数为 5 万，月卡、点卡比例为 66.8%、33.2%；

（4）在购买月卡的账号中，参与打折月卡账号数占比 37%，两种类型的打折月卡比例相当；

（5）购买打折月卡中 90% 的玩家为 1 月 1 日之前购买过的月卡老玩家，5.7% 为之前的点卡老玩家；

（6）4.0 版本新用户留存率比 3.9 版本新用户次日留存率高 15%；

（7）回流玩家账号数 1 万，回流玩家 3 日留存率为 64%，购买打折月卡比例为 7.3%；

（8）2016 年 12 月百度贴吧中负面情感占 10%，主要问题为掉线、卡死。

点评：

以上总结更多的是数据描述，缺少解读，加之因结论较多，总共有 8 条，看上去比较散，可将其归类总结，让结构更加清晰。效果分析总结的结构最好是总分结构，以开门见山的方式，在前言直接说明本次的效果。

修改后：

《游戏 B》4.0 版本于 2017 年 1 月 1 日上线，激活转换率、DAU（Daily Active Vser，指日活跃用户数）、在线时长、留存及时长收入较版本更新前有较高的提升，但月卡打折活动对点卡用户的吸引力并不大，掉线和卡死的问题相对集中。更新后 6 天内的数据如下。

新用户登录后激活的转换率为 27%，日均活跃人数 10 万，次日留存率 43%，平均在线时长 5.6 小时，充值账号数 5 万，回流账号数 1 万。效果数据如下。

（1）运营数据

① 6 天共带来新用户 5 万人，新用户登录后激活的转化率为 27%，相比 3.9 版本提高 10%；

② DAU 为 10 万（上涨 16% 以上），回到两个月前的水平；平均在线时长 5.6 小时，其中点卡用户在线时长提高到 3 小时，相比前一周提高 0.6 小时；

③ 次日留存率为 43%，比 3.9 版本高出 15%；

④ 更新当天充值收入为 100 万元，比更新前高 4 倍。

（2）流失回归用户

流失回归用户比例较高，但购买打折月卡的热情不高，更多处于观望阶段。

流失一个月以上回归的账号数 1 万，占活跃用户比例 22%，次日留存率 37%，回流且充值账号数为 1000 人，购买打折月卡比例 7.3%。

（3）活动参与

打折活动最受月卡老玩家的青睐，对点卡老玩家的诱惑力不够。

① 总充值账号数 5 万，月卡、点卡比例为 66.8%、33.2%；

② 参与打折月卡账号数占比 37%，两种类型的打折月卡比例相当，购买打折月卡中 5.7% 为点卡老玩家，4.3% 为月卡新玩家。

（4）玩家反馈

新版本客户端稳定性是导致负面情绪的主要原因。

① 2016 年 12 月百度贴吧帖子总数 1 万条，负面情感占 10%，正面情感占 2.6%；

② 主要问题为掉线、卡死（更新页面不出来，任务场景不切换，客户端蓝屏，登录之后闪退）。

1.8.3 《游戏 C》：VIP 玩家和客服聊天分析

根据《游戏 C》VIP 玩家与客服聊天的记录进行分析，主要结论如下：

（1）公会跨服战、游戏更新期望、战魂技能脆弱是近期 VIP 玩家关注的热点；

（2）外挂导致游戏平衡性缺失；

（3）26%的 VIP 玩家提及不想玩，要"弃坑"。

玩家不想玩的原因：

（1）转职业造成新职业缺少金币去点技能；

（2）随便封号；

（3）游戏官方对 bug 放任不理，长时间不修复；

（4）玩得火大；

（5）都是固定性东西，缺乏即时性；

（6）别人都不玩了。

游戏整体负面情绪为 33%。

针对玩家咨询的公会战开放时间，可以考虑以公告的形式在登录页显示，转职业需要点新技能消耗金币，是否考虑将金币获得的量加大，途径增多。

点评：

以上总结了玩家反馈的主要问题及不想玩的原因，但既然研究对象是 VIP 玩家与客服的聊天，沟通过程中 VIP 玩家会根据自身对游戏的理解，提出相关的建议，加之 VIP 玩家在游戏中贡献的收入占比较高，因此，总结大 R 玩家（指高付费玩家）的建议对游戏的优化尤为重要。同时，也可以将每条详细的建议放到邮件附件中，供研发策划和运营人员参考。另外，对于分析报告结论，建议用编号分段，而不是用项目符号。

修改后：

根据《游戏 C》大 R 与客服聊天记录分析（样本量：19201），所得结论如下：

（1）公会跨服战、游戏更新期望、战魂技能脆弱是近期大 R 玩家关注热点。

（2）外挂导致游戏平衡性缺失。

（3）26%的大 R 提及不想玩，要"弃坑"。不想玩的主要原因如下：

① 转职造成新职业无金币点技能；

② 随便封号；

③ 游戏官方对 bug 放任不理，长时间不修复；

④ 都是固定性东西，缺乏即时性；

⑤ 别人都不玩了。

（4）最近一个月玩家负面情绪比例为 67%，玩家消极对待游戏，失望、变态、敷衍等词语频频出现在聊天中。

（5）玩家建议：

① 针对玩家咨询的公会战开放时间，可以考虑提前以公告的形式在登录页显示。

② 转职业需要点新技能从而消耗金币，是否考虑将金币获得的量加大，途径增多。

③ 增加奖励类型，提高玩家积极性、活跃性。

④ 针对 iOS 开服晚于应用宝等 Android 区服问题，根据 iOS 玩家 VIP 等级给予补偿，并发邮件说明何时开服。

⑤ 针对玩家购买过的游戏物品在活动时初级玩家可以免费获得的问题，应当给购买过此类物品的玩家其他奖励，以保持玩家的积极性和平衡性。

第 2 章

游戏关键数据指标

2.1 转化率

在数据分析中，我们经常会使用各种类型的转化率分析，在手游数据分析中，我们关注玩家点击广告到进入游戏后付费的每一步转化，而相对于端游，激活率也是手游特有的一项数据内容，下面将对这块内容做出介绍。

2.1.1 激活率

1. 激活、激活率、激活且登录率的定义

通常所说的手游的激活，是指用户安装好客户端以后联网打开客户端。手游的激活率则是用户安装好客户端后联网打开客户端的比例。很明显，计算公式为：

$$激活率 = 激活量 / 安装量$$

对于发放激活码进行激活的情况，则可以采取如下算法：

$$（激活码的）激活率 = 激活量 / 激活码发放量$$

$$（激活码的）激活且登录率 = 激活且登录量 / 激活码激活量$$

2. 激活且登录率应用场景

激活且登录率是非常常用的转化率指标之一，广泛用于端游、手游。

大多数游戏公司在游戏封测期间（不管是端游还是手游）为了限制用户数量，都会进行限量测试，对用户数量进行把控的主要方式就是发放激活码，激活码的激活且登录率反映实际进入游戏的用户数量，因此，监控该指标非常重要。

当激活且登录率较低时，我们首先想到的是玩家在登录环节是否遇到了困难，主要排查的是网络、客户端问题，以及是否有服务器维护等，如果游戏登录环节没有异常，则该指标能说明玩家对该游戏的兴趣程度。当然，对比不同渠道的激活且登录的数据，也能侧面反映各渠道的用户质量。

3. 激活且登录率应用参考

笔者根据收集的超过 50 款游戏的数据，总结出不同范围的激活且登录数据的效果。如表 2-1 所示。

表 2-1

激活且登录率	效　　果
>90%	优秀
80%～90%	较好
60%～80%	一般
<60%	较差

2.1.2　转化率漏斗

游戏运营主要目标有 4 点：拉新、促活、留存、付费转化。

拉新就是通过渠道合作和广告营销等方式，获得新用户；留存是将获得的用户能够尽量持久地留在产品上；促活即"促进用户活跃"，让用户愿意更频繁、更开心的游戏；付费转化则包含促进用户充值和促进用户消费。

游戏行业的拉新成本很高，要投入广告、投入时间，这些都是成本。如果用户还没有产生什么价值就流失了，那一定是亏了。相反，拉过来的用户，留存的时间越长，产生的价值也就越大，也才能弥补其他流失用户所产生的损失。因此，提高用户的留存时间，也是提高公司收入，为公司创造更多价值的重要一环。

我们可以在产品设计的每个可控环节当中进行埋点，并监控每个节点的漏斗转换，用于帮助发现产品设计中的问题。通过改善这些环节，可以获得更多的新增用户。

实例

图 2-1 是某一款手游在某个渠道上线第 1 天的数据：从点击广告进入游戏的转化率只有 9.8%，付费转化率只有 0.5%，也就是说 10 万个用户点击广告，最终进入游戏的用户只有 9800 人，最终付费的用户只有 500 人。通过图 2-1 我们可以看出主要有两个问题：

（1）点击广告后下载游戏的转化率低，只有 30%，影响因素主要有：

- 广告素材会影响到玩家下载游戏的意愿；
- 包大小、联网环境、运营商会影响用户的下载成功率。

（2）下载后激活的转化率低，只有 39%，影响因素主要有：

- 程序 bug 影响客户端安装成功率；
- 包大小、联网环境、运营商这些因素同样也会影响用户激活的成功率。

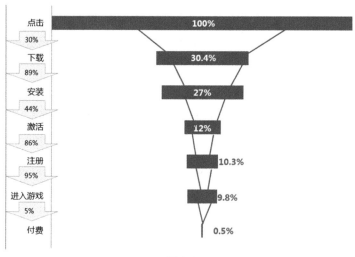

图 2-1

除了优化产品自身的一些细节外，提高各个环节的转化率，对渠道各项转化率指标的长期监控，以及追踪不同渠道、媒体来源用户的后续质量（包括登录、活跃、留存、付费等），能够帮助我们快速发现渠道异常、调整广告投放策略等。

2.2　留存率

留存率是指新增用户在一段时间内再次登录游戏的比例。留存率反映的实际上是一种转化率，即由初期的不稳定的用户转化为活跃用户、稳定用户、忠诚用户的过程，随着这个留存率统计过程的不断延展，就能看到不同时期的用户的变化情况。数据分析师可以通过分析不同业务属性的用户的留存差异来找到产品的增长点。

2.2.1　日留存率

1. 次日留存率

次日（第 1 天）留存率指的是新用户在首次登录后的次日再次登录游戏的比例，因此其计算公式为：

次日（第 1 天）留存率=（第 1 天新增用户在第 2 天登录过的人数）/（第 1 天新增用户数）

例如第 1 天新增用户 100 人，其中 50 人在第 2 天登录过，那么次日留存率为：50/100 = 50%。

2. 7 日留存率

7 日留存率指的是新用户在首次登录后的第 7 天再次登录游戏的比例，其计算公式为：

7 日留存率＝（第 1 天新增用户在第 7 天登录过的人数）/（第 1 天新增用户数）

例如 1 月 1 日作为第 1 天，有新增用户 100 人，其中 30 人在 1 月 7 日登录过，那么 7 日留存率为：30/100 = 30%。

3. 30 日留存率

30 日留存率指的是新用户在首次登录后的第 30 天再次登录游戏的比例，其计算公式为：

30 日留存率＝（第 1 天新增用户在第 30 天登录过的人数）/（第 1 天新增用户数）

例如 1 月 1 日作为第 1 天，有新增用户 100 人，其中 10 人在 1 月 30 日登录过，那么 30 日留存率为：10/100=10%。

2.2.2 周留存率

周留存率和日留存率相似，周留存率为新用户在第 1 周登录后的第 2 周再次登录游戏的比例，计算公式为：

周留存率＝（第 1 周新增用户在第 2 周登录过的人数）/（第 1 周新增用户数）

例如 1 月 1 日至 1 月 7 日作为第 1 周，有 1000 个新增用户，其中 500 人在 1 月 8 日至 1 月 14 日之间登录过，那么周留存率为：500/1000=50%

2.2.3 月留存率

同理，月留存率为新用户在第 1 月登录后的次月再次登录游戏的比例，其计算公式为：

月留存率＝（第 1 月新增用户在次月登录过的人数）/（第 1 月新增用户数）

例如 1 月 1 日至 1 月 31 日作为第 1 月，有 1000 个新增用户，其中 100 人在 2 月 1 日至 2 月 28 日之间登录过，那么月留存率为：100/1000=10%。

2.2.4 加权留存率

加权留存率指的是某一段时间内（时间段 a）的新增用户在若干天后的另一段时间（时间段 b）的留存数量除以之前那个时间段（时间段 a）的新增用户总量。

每日留存率和加权留存率的关注点一样，根据留存率数据可以了解到产品对用户的黏性，反映产品品质。

使用加权留存率的原因是，当人数变化大时，数据会产生偏差，加权之后数据更稳定。如：游戏开服 1 天后，用户的导入量逐渐变少，日新增用户数逐步下滑，好像日留存率提高了不少，这主要是因为数据基数减少了，导致留存率虚高，如果直接做平均，那么均值出来的留存率也会存在虚高的现象，所以需要对留存率做加权平均。

以表 2-2 为列，第 1 天的加权留存率为 53.64%，而留存率均值为 70%，相差 16.36%。

表 2-2

日期	第 1 天新用户数	第 2 天留存用户数	第 1 天留存率
2017/1/1	100	50	50.00%
2017/1/2	10	9	90.00%
留存率均值=（50%+90%）/2			70.00%
加权平均留存率=（50+9）/（100+10）			53.64%
差			16.36%

2.2.5　留存率和游戏质量的关系

游戏从封测开始，多数公司都会投入固定的内、外部宣传资源作为游戏的初期市场推广，以收集游戏的封测数据，这其中主要就是留存率，无论是端游还是手游，都非常重视这一指标，留存率成为衡量产品质量的重要指标之一，用以判定游戏的基本品质，为后续的市场资源调配提供参考。

游戏封测主要有两种形式，为发放激活码测试和不发放激活码测试，由于发放激活码测试针对的用户群体更偏向核心用户，一般来说，其留存率高于非激活码测试。

1. 限量发放激活码封测的游戏评级留存率标准

因用户规模对留存率有一定影响，当测试用户过少时，可能不能反映游戏真实的留存率数据，因此为保证封测数据准确性，封测周期要求 7 天及以上，新登录总人数在 5000 以上，才能按相应标准评估游戏级别，如表 2-3 所示是某渠道对游戏限量发放激活码测试节点进行评级的留存标准。

表 2-3

游戏评级	优　秀	良　好	一　般	仍需改善
第 1 天留存率	65%	45%	30%	
第 3 天留存率	55%	35%	25%	低于一般
第 7 天留存率	35%	20%	11%	

2. 不限量封测，不发放激活码的游戏评级留存率标准

不限量封测时需要接入渠道，由渠道导入自然用户量，其用户导入量不能高于封测服务器最高承受的用户能力，当用户规模接近服务器上限时停止导入，因此从某种意义上讲也是限量的。同样考虑到用户规模对留存率的影响，为确保数据准确性，要求不限量封测的用户规模至少 1 万人。如表 2-4 所示是某渠道对游戏不限量封测节点进行评级的留存标准。

表 2-4

游戏评级	优　　秀	良　　好	一　　般	仍需改善
第 1 天留存率	45%	35%	20%	低于一般
第 3 天留存率	30%	20%	15%	
第 7 天留存率	25%	15%	10%	

说明：通过历次测试的手游数据发现，不限量封测的留存率接近于公测后的留存率。

2.3　用户付费指标

用户付费有三个关键指标，分别为付费率、ARPPU 和 ARPU。这三个指标理论上是越高越好，但实际上很难兼得，一般来说，高付费率的游戏，ARPPU 比较低，低付费率的游戏，ARPPU 比较高，综合来看，ARPU 从某种程度上能衡量游戏的盈利能力。对游戏进行付费优化，挖掘玩家付费潜力，能提升游戏的营收能力。

2.3.1　付费率

付费率（Pay User Rate）也称付费转化率，指每日付费用户占活跃用户的比例，当付费用户的生命周期总价值有一定保证后，提升付费用户比例，就将成为提升公司营收的有效途径。其计算公式为：

$$付费率=付费人数/活跃人数$$

2.3.2　ARPPU

ARPPU（Average Revenue per Paying User）即平均每付费用户收入，它反映的是每个付费用户的平均付费额度，其计算公式为：

$$ARPPU=付费金额/付费人数$$

2.3.3　ARPU

ARPU（Average Revenue Per User）即每用户平均收入，ARPU 注重的是一个时间段内运营商从每个用户处所得到的收入。其计算公式为：

$$ARPU=付费金额/活跃人数$$

目前较好的手游每日 ARPU 超过 5 元；一般的手游 ARPU 在 3～5 元之间；ARPU 低于 3 元则说明表现较差。

2.4　导入用户成本

2.4.1　CPC、CPA、CPR、CPL

CPC（Cost Per Click）即单个点击用户的成本，关键词广告一般采用这种定价模式，其计算公式为：

$$CPC=广告投入总额/所投的广告带来的点击用户数$$

CPA（Cost Per Action）即平均每个激活用户的成本，其计算公式为：

$$CPA=广告投入总额/所投的广告带来的激活用户数$$

CPR（Cost Per Register）即平均每个注册用户的成本，其计算公式为：

$$CPR=广告投入总额/所投的广告带来的注册用户数$$

CPL（Cost Per Login）即平均每个登录用户的成本，其计算公式为：

$$CPL=广告投入总额/所投的广告带来的新登录用户数$$

CPC、CPA、CPR 和 CPL 均和用户成本有关，是衡量广告投放效果的重要指标。根据用户转化漏斗情况，CPC<CPA<CPR<CPL，各项指标的成本越低，说明效果越好，但最终效果仍要看用户在游戏内的留存和付费情况，即 ROI（Return On Investment，投资回报率）。

2.4.2　近几年 CPL 的变化

通过收集近 40 款端游开测节点的 CPL 数据，得出每年的平均 CPL 数值，如图 2-2 所示。

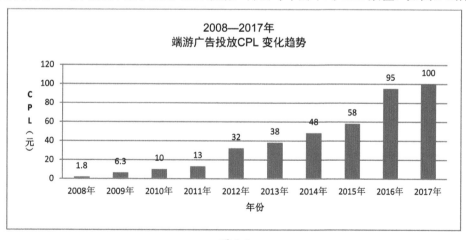

图 2-2

说明：图 2-2 的数据均为免费用户的登录成本，不包含购买激活码的付费用户。

通过收集近 20 款手游公测节点的 CPL 数据，得出每年的平均 CPL 数值，如图 2-3 所示。

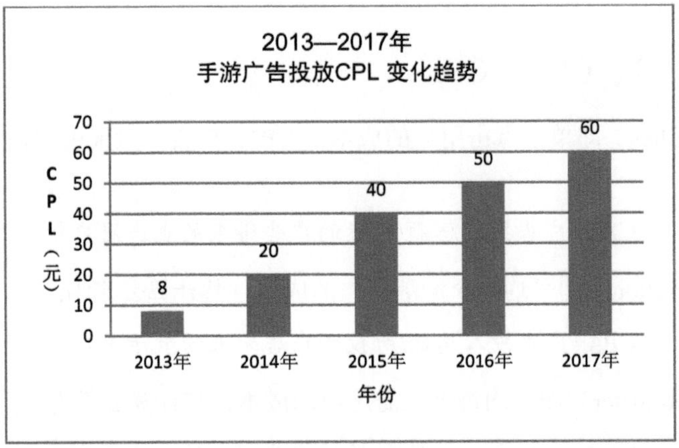

图 2-3

说明：虽然手游的市场投放用户成本主要以 CPA 为准，但考虑到有部分媒体是按激活用户结算的，存在大量的刷号数据，导致 CPA 过低，因此此处采用 CPL 作为参考，更能真实体现每年的用户成本变化趋势。

2.5　LTV

2.5.1　LTV 的定义

LTV（Life Time Value）指的是某个用户在生命周期内为该游戏应用创造的收入总计，可以看成是一个长期累计的 ARPU 值。用户的生命周期是指一个用户从第一次启动游戏应用，到最后一次启动游戏应用之间的周期。LTV 的计算公式如下：

每个用户平均的 LTV = 每月 ARPU×用户按月计的平均生命周期

例如，如果游戏的 ARPU = 5，游戏用户平均生命周期为 3 个月，那么 LTV = 5×3 = 15。

2.5.2　LTV 与 CPA 的关系

LTV 是指用户在游戏中产出的价值，而 CPA 是指获取一个有效用户的成本，当 CPA>LTV 时，可以理解成获取用户成本大于用户产出，可通过该数据判读市场投放效果，以及是否有必要追加投放或停止投放尽早止损。

以下列举了某款游戏分别在 9 月份和 10 月份两次投放市场费的 CPA（激活用户成本）与 LTV（近似 ARPU）的关系。如图 2-4 所示。

9 月 10 日—9 月 23 日，公测投放阶段花费 870 万元，CPA 值低于 10 元，明显低于 LTV，效果较为理想。

10 月 1 日—10 月 8 日，分众框架楼宇广告，消耗 94 万元，CPA 值接近 30 元，远高于 LTV，效果不理想。

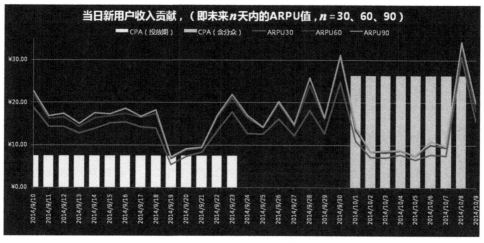

图 2-4

2.6　ROI

2.6.1　ROI 的定义

ROI（Return On Investment）即投资回报率，是指投资后所得的收益与成本间的百分比率，其计算公式为：

$$投资回报率=利润/投资总额×100\%$$

ROI 主要衡量产品的付出与收获是否成正比，评判标准如下：

- 若 ROI>0，则盈利
- 若 ROI=0，则盈亏平衡
- 若 ROI<0，则亏损

2.6.2　ROI 的价值

游戏 ROI 主要有以下 8 点价值：

（1）衡量产品推广的盈利/亏损状态；

（2）筛选推广渠道，分析每个渠道的流量变现能力；

（3）实时分析，衡量渠道付费流量获取的边际效应，调整投入力度；

（4）结合其他数据（新增、流失、留存、付费等）调整游戏，进行流量转化与梳理；

（5）综合分析 LTV 值，对新生产品进行 LTV 预测，结合 CPL 衡量推广预算；或综合同类游戏 LTV 值，进行估值采样，结合 CPL 衡量推广预算；

（6）评估后续推广活动的成功与否；

（7）评估直接 ROI 及间接 ROI 的推广优劣；

（8）推广数据导向，衡量渠道投入性价比。

2.7　手游和端游的区别

网络游戏行业 2005 年开始进入快速增长期，从 2012 年开始，移动游戏开始高速增长。2013 年移动游戏市场规模同比增速达到 246.9%后逐渐放缓。2016 年，中国移动游戏市场规模 819 亿元，首次超过端游的 583 亿元成为第一大细分市场。那么手游和端游有哪些区别呢？这里主要整理了以下 6 点。

（1）用户群体

手游是在手机和移动网络之下，端游则是固化在 PC 端和宽带之下。手机用户的群体大于 PC 用户，潜在用户更多。

端游由于相对比较重度，所花费时间比较长，所以 18 岁以下的高中生或者上班以后的工薪阶层玩得比较少，最多的用户群年龄段集中在 18～25 岁之间。端游用户相对手游用户更加核心，会在某一款合意的产品上花费大量的时间，而且会对其内容进行深入地钻研。

手机游戏由于可以更多地争取用户的碎片时间，而且手机游戏安装包更小，移动智能设备在世界范围的普及也给了用户更多的选择，所以就用户群的规模而言，手机游戏当仁不让是王者，用户群的分布更为广泛。

手机用户玩游戏的目的主要以消磨碎片时间为主，上线时间不保证，忠诚度相对较低，需求变化快。多数用户对游戏的深度内容不甚关注，也不会长时间地专注于某一款产品，其性质更偏向于轻度。

（2）用户来源

端游玩家大多是主动去门户网站或者去游戏官网先关注游戏。相比手游用户更知道自己想要什么样的游戏。

手游玩家大多数是被推送游戏，但也会按照榜单排行榜找游戏下载。

（3）设计思路

因手游的玩家上线时间相对端游更分散，对 PVP（Player Versus Player，玩家与玩家对战）和组队的匹配机制上会更重要。

端游画面更精致、操作要求更高，设计的成长周期更长，需要用户耗费大量的时间。手游则会相应地在各方面做一些减法来适应手游的硬件和软件环境，包括体现碎片化（时间）的特性。

随着硬件环境的提升及手游用户习惯的逐渐培养，特别是 MMORPG（大型多人在线角色扮演游戏）及卡牌类的手游，端游化已经越来越明显了。

（4）推广方式

端游的推广常常采用买高流量社交、视频网站的广告位、户外广告、游戏媒体的推荐位、传统媒体投放、交叉推广等方式。

手游在发展初期最常用最直接的方式就是刷榜推广，但这种方式的投入和回报很可能不成比例，比如刷榜刷到前位，但是如果游戏产品自身的品质不够好，则会迅速跌落，而且刷榜也是一种变相的作弊行为，不是玩家选择出来的结果。随着手游的发展，刷榜推广的投资回报率越来越低，除了端游的推广方式外，渠道买量、KOL（Key Opinion Leader，关键意见领袖）成为手游的主要推广方式。

（5）运营模式

端游的研发周期较长，研发成本较高，采取长线运营模式，而手游的开发周期相对较短，研发成本相对较低，多数手游采取短（周期短）平（被大众玩家接受）快（收益快）、小步快跑、快速迭代的运营模式。手游更注重用户直接转化、前置付费和短期回报，对持续的内容和活动更新的压力较大。

但由于手游竞争愈加激烈，因此现在更多的手游走精品路线。成本越来越高，不做精品手游，不采取端游式长线精心运营，愈加难以生存。

（6）数据分析

手游的数据比端游增加了渠道数据模块，同一款游戏，有的渠道数据好，有的渠道数据差，到底是用户质量差，还是渠道的投放用户不精准，都需要去分析才能找出可能的原因。

第 3 章
游戏发行预热期

对于国内大多数游戏来说，其推广宣传阶段一般都安排在游戏立项至封测期间。这个时间跨度通常有三四个月。有经验的运营团队一般都是从游戏开发期间就开始大量宣传，营造气氛，以提前聚集大量的潜在用户，从而降低短期的爆发推广压力，辅助市场投放达到最优化的投放效果，提高成功率，如果游戏本身品质优秀，那么一款好游戏也就逐渐运营起来了。

预热期一般会以时间节点为轴线，制定完整的市场预热宣传方案。市场预热方案一般包括：

- 确定该产品的传播定位；
- 确定分阶段、分轴线的宣传主题；
- 预备新闻/软文线（时间轴线、新闻点、主要标题、新闻/软文数量分布）；
- 策划线上活动简案（含时间、活动目的、对象、执行平台、策略）；
- 确立视觉宣传主要策略（外放游戏专题的主平面、视觉风格、主要平面符号等）；
- 列出非投入型媒体清单（如社区、论坛）。

预热期对预订用户进行分析、预估预订用户转化率和竞品分析能帮助找到核心用户，预估核心用户数量，了解竞品游戏市场传播的方法，从而协助管理人员进行战略定位，帮助营销人员制定更好、更完善的预热宣传方案，做有针对性的投放。

3.1 案例：预订用户分析

游戏预热期间通常在官方网站上做预订、预售、预约活动，其主要目的是了解核心用户的数量及市场关注度。然而由于能从预订数据中获得的信息较少，主要是手机号码和操作系统数据，这不足以了解目标用户的特征，因此需要对预订用户进行调研。

3.1.1 预订用户调研

1. 一般步骤

在进行预订用户调研前，我们需要先了解一下问卷分析的过程。通常来说，从问卷设计到报告撰写一般有 6 个步骤，依次为问卷设计、问卷投放、数据清理、数据分析、数据展示和报告撰写。

（1）问卷设计

问卷设计的过程也是梳理问卷思路的过程。问卷采取抽样的方式（随机抽样或整群抽样）确定调查样本，通过对样本的调查、统计、分析得出调查结果。问卷设计是否合理决定了最终调查报告的质量。可以说一个好的问卷设计已经完成了一半的调查报告。问卷设计应遵循 5 个基本原则：明确清晰的目标、较强的逻辑性、严格的规范性、非诱导性和符合用户认知习惯。

（2）问卷投放

将问卷录入生成链接就可以进行投放了，具体投放在哪里由目标人群决定。预订用户调查的主要途径是通过游戏官网，用户在官网提交预订（预约、预售）的手机号码后，填写弹出的问卷调查页面的所有信息，提交后即可收集到调查结果数据。

（3）数据处理

收集完调研数据后需要对数据进行处理，去除无意义的数据、逻辑互斥的数据等。

（4）问卷分析

问卷分析是数据分析的一种，对数据处理后，根据前期问卷设计思路进行数据分析。问卷分析的常用工具有 Excel 和 SPSS。用 SQL 语句在问卷后台将数据统计汇总后，可在 Excel 中画图分析，若不用 SQL 统计，也可以用 Excel 进行分析，但对于复杂的数据，Excel 处理起来并不是很灵活。如果不太熟悉 SQL 语句，也可以用 SPSS 工具进行分析问卷，需先将问卷原始数据编码（不同的题目有不同的编码规则）导入 SPSS 再进行分析。

问卷题目类型主要有单选题、多选题、打分题、排序题和开放题。

对于单选题，编码比较简单，将 A、B、C、D 选项进行 1、2、3、4 分赋值，更改即可；多选题相对复杂，主要有两种方式：二分法和多重分类法；打分题不用变；对于排序题，排序和多重分类类似，先定义数值，将 1、2、3、4、5 代替选项；对于开放题，一般是将相似的答案编码，转变成多选题，对于不容易归类的，应对这类问题直接做定性分析。

问卷分析的常用方法有对比分析法、分组分析法、平均分析法、交叉分析法、综合评价分析法、矩阵分析法和聚类分析法。

（5）数据展示

分析完毕后进行数据展示，数据展示的常用图表及需要注意的内容请详见第 1 章 1.2 节。

（6）报告撰写

最后完成报告撰写，问卷分析的报告撰写同样可以参考 1.2 节内容。

2. 作用

问卷调研最大的作用是发现目标用户的特点，并根据目标用户的特点确定合适的时间、合适的地点及合适的宣传方式，给出游戏发行的方向，从而能够有效吸引目标用户。通过问卷调研分析，我们希望能告诉发行人员"这款游戏应该在哪里宣传、对谁宣传、什么时候宣传、宣传什么，以及怎么宣传"，其中：

- 在哪里宣传，就是选择渠道。常见的有官网、百度搜索、微信公众号、360 网站、地铁、影视剧及 B 站等。
- 对谁宣传，就是确定宣传的对象。这应该在确定宣传渠道之前考虑，例如如果是二次元用户，就适合在 B 站宣传，比如《花千骨》游戏的宣传就是通过视频网站的广告等渠道进行的。
- 什么时候宣传是确定宣传效果最好的时间点或时间段。
- 宣传什么和怎么宣传，是市场人员对目标用户的特点进行解析后，给出对应的预热方案。比如针对游戏《最终幻想 14》而举行的交响音乐会，展现了游戏的特色，引起业内人士和核心玩家的关注；《血族》则是邀请 ACG（英文 Animation、Comic、Game 的缩写，是动画、漫画、游戏的总称）资深人士亲自参与研发，打造成一款为 AGC 用户量身定制的手游。

3.1.2　分析方法概述

将预订用户、本公司游戏数据及调查问卷数据结合分析，主要采用对比分析、分组分析、结构分析和交叉分析方法。

主要的分析指标有：

（1）预订用户数量。

- 总预订用户量能直观反映一款游戏的热度。
- 每日预订量变化趋势和市场活动相关。
- 不同渠道的预订量反映用户来源情况。
- 不同手机操作系统的预订量反映不同平台（Android 和 iOS）的用户占比。

（2）预订用户来源：将预订用户中玩过本公司其他游戏的用户定义为老用户，剩余用户定义为新用户，根据新老用户的比例可判断该游戏的吸量情况，可根据用户玩过的主要游戏判断用户来源。

（3）预订用户付费：根据预订用户在本公司其他游戏的付费情况，可判断用户的付费能力，进一步了解用户特征。

（4）预订用户喜好：结合调查问卷，可了解到预订用户经常玩的游戏、游戏类型、喜欢的玩法，以此判断预订用户的喜好是否和游戏特点相符，是否为该游戏的核心用户。

（5）预订用户人口属性：根据调查问卷结果，获得用户年龄、性别、职业、地域等信息。

3.1.3　数据来源

预订用户分析的数据来源于三部分，分别为用户预订的数据、用户预订后参与调查问卷的数据、预订用户在本公司其他游戏中的登录和付费数据。

（1）用户预订数据：以《城与龙》为例，如图 3-1 所示是官网预订页面截图，用户填写信息单击"立即预约"按钮后，官网即可获得预订用户的手机号码和操作系统。

图 3-1

（2）预订用户问卷调查数据：用户单击"立即预约"按钮后，弹出"预订用户问卷调查"页面，玩家完成填写提交后，官网可获得预订用户的问卷调查结果。问卷调查页面的部分截图如图 3-2 所示。

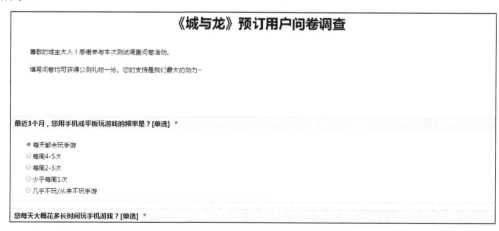

图 3-2

（3）预订用户在本公司其他游戏中的登录和付费数据：根据预订用户的手机号码，能关联到该用户在公司其他游戏的登录和付费数据。

3.1.4　分析案例

《游戏 A》是一款日系二次元卡牌手游，在首测前 3 个月，官网上开放了激活码预订，并在预订页面做了问卷调查（获得样本数量：3745 份），其主要目的是了解核心用户的数量及市场关注度，并找到目标用户的特点，为制定完整的市场预热宣传方案提供数据依据。

现针对预订用户和用户调查数据进行了以下分析。

（1）预订用户情况一览

预订用户量能直观反映一款游戏的热度，整体的预订情况如下：

从 2016 年 1 月 1 日开始，截至 2016 年 3 月 5 日，激活码预订量共 50 万次。如图 3-3 所示。

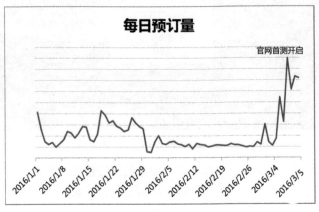

图 3-3

在渠道维度上，手游用户的预订渠道主要包括 PC 官网、移动端官网、移动百度关键字、PC 端百度关键字、微信等。各渠道预订量占比情况如图 3-4 所示。

在本次预订用户渠道中，PC 官网、移动官网是预订用户的主要来源渠道，分别占 57% 和 32%。

在用户设备操作系统维度上，可根据玩家在预订页面中提交的手机操作系统信息，统计汇总 iOS 和 Android 系统的预订量，从而反映出 iOS 和 Android 系统玩家的分布情况。

由图 3-5 可见，用户操作系统 Android 和 iOS 的比例约为 7：3。由此可推断游戏正式上线后 Android 和 iOS 的用户比例接近 7：3。

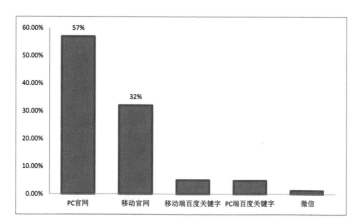

图 3-4

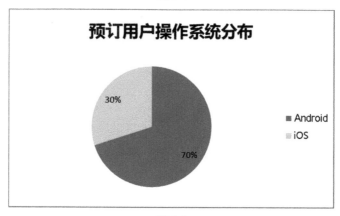

图 3-5

说明：预订页面中除了让玩家输入手机号码，还可以提供操作系统选项供玩家选择。

（2）预订用户来源分布

➤ 老用户

因大部分公司都有自己的官方渠道，用户填写的手机号码可以和官方渠道的手机号码关联，从而得到《游戏 A》的用户内部来源和历史消耗，比如：有哪些用户曾经玩过公司内其他哪些游戏，曾经在公司其他游戏消费过多少金额，从而有助于我们判断用户类型和质量。

带着以上的问题，我们先了解预订用户中也是公司其他游戏的用户的情况。

将预订用的手机号码和公司各游戏的登录账号关联，可得出以下数据。

在《游戏 A》的用户来源中，65%的用户同时是公司其他游戏的用户（指玩过本公司游戏的老用户）。老用户主要来自的游戏类型是卡牌、音乐和 ARPG（动作角色扮演类游戏），TOP3 的游戏分别占 19%、15%、13%。剩余 35%为新用户（非公司用户）。说明该游戏的用户和排在前两名的卡牌类游戏、音乐类游戏有一定的重合度。另外，和 2015 年 11 月上线的新游戏（《游戏 B》）相比，新用户比例低于《游戏 B》（其预订用户中新用户比例为 49%），以游戏新用户的占比为标准，可推断《游戏 A》的吸量能力低于《游戏 B》。如图 3-6 所示。

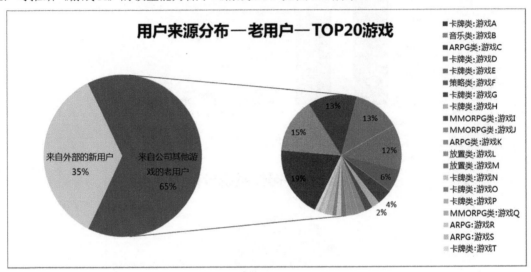

图 3-6

说明：因外部 Android 渠道用户的手机号码无法获得，所以上面的数据仅能匹配到公司官方和 iOS 官方用户。

➤ 新用户

在预订用户中，一部分是来自公司的老用户（玩过公司其他游戏），那另一部分用户都在玩些什么游戏，通过调查玩家平时主要玩的游戏名称，可以推断出该游戏外部用户的主要来源。

若将没有玩过公司游戏的用户定义为纯新用户，则《游戏 A》有 35%的用户为自身新用户。

因为我们没有用户登录公司外部游戏的数据，想要了解玩家平时都在玩其他公司的哪些游戏，只能借助调查问卷的数据来推测，根据调查问卷的问题："您平时玩的游戏主要有哪些？"得出：新用户主要来自《乖离性百万亚瑟王》《LOL》《炉石传说》《奇迹暖暖》《战舰少女 R》《王者荣耀》和《崩坏学园》，分别占 27%、12%、7%、6%、6%、6%和 5%，说明《游戏 A》和这些游戏的用户有一定的重合度，尤其是《乖离性百万亚瑟王》，如图 3-7 所示。

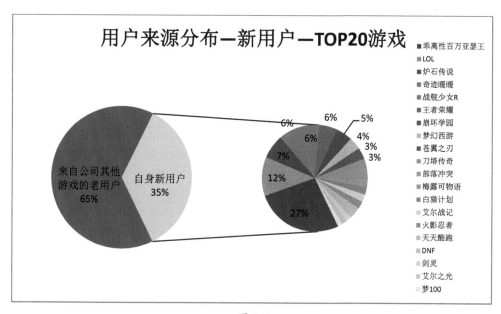

图 3-7

（3）来自公司其他游戏的预订用户付费情况

上面我们了解到预订用户中有哪些来自公司其他游戏，这里我们来看看这些用户的付费情况。（下面简称"老用户"）

在《游戏 A》的老用户中，来自端游的用户为 22.7 万人（占 45%），来自手游的用户为 27.3 万人（占 55%）。将预订用户中端游和手游的账号和付费账号关联，可得出数据如表 3-1 所示。

《游戏 A》的老用户在公司其他手游的付费比例为 50%，总付费 ARPU 为 1 341 元。在端游的付费比例为 45%，总付费 ARPU 为 375 元。这些数据说明老用户整体的付费能力比较强。

表 3-1

老用户来源	预订手机号码数量	历史付费人数（人）	历史付费金额（元）	付费率	付费 ARPU（元）
端游	226 996	102 148	38 305 595	45%	375
手游	273 004	136 502	183 049 103	50%	1 341

分别取端游和手游中付费金额排在前 5 名的游戏，得出《游戏 A》的老用户主要在卡牌类手游和 ARPG 类端游付费。如表 3-2 所示。

表 3-2

分类	游戏类型	预订手机号码数量	历史付费人数（人）	历史付费金额（元）	付费率	付费 ARPU（元）
端游	ARPG	10 490	3 630	1 738 550	34.6%	479
	MMORPG	10 690	9 110	1 065 872	85.2%	117

续表

分类	游戏类型	预订手机号码数量	历史付费人数（人）	历史付费金额（元）	付费率	付费 ARPU（元）
端游	休闲	4 610	2 600	954 215	56.4%	367
	ARPG	11 990	1 870	518 112	15.6%	277
	休闲	3 570	1 300	250 869	36.4%	193
手游	卡牌	25 670	12 211	19 354 782	47.6%	1585
	卡牌	16 260	3 780	6 211 279	23.3%	1643
	卡牌	17 080	3 630	4 736 498	21.3%	1305
	ARPG	17 850	5 280	1 990 571	29.6%	377
	音乐	19 760	1 761	1 771 180	8.9%	1006

说明：部分用户在多个游戏付费。

（4）预订用户喜好

通过问卷调查项"您平时常玩的游戏有哪些"的反馈，预订用户常玩的游戏主要有《乖离性百万亚瑟王》《lovelive》《扩散性百万亚瑟王》《锁链战记》《LOL》，分别占 15%、14%、11%、10%、7%，如图 3-8 所示。用户常玩的游戏 TOP4 均为日系卡牌类游戏，与《游戏 A》本身的风格相符。

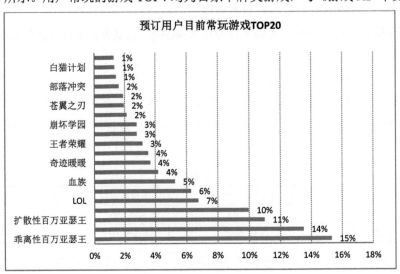

图 3-8

因《游戏 A》是日系二次元风格手游，所以在问卷内容中设计了这道题："您是否玩过日系二次元风格的手游？"

调查结果显示，86%的用户玩过日系二次元手游，如图 3-9 所示。说明预订用户是该游戏的核心用户群体。

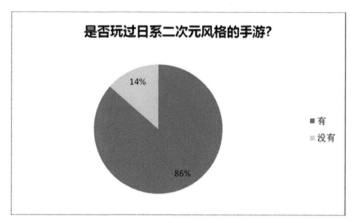

图 3-9

因《游戏 A》有日本声优配音,所以在问卷内容中设计了这道题:"您是否关注声优配音效果?"83%的用户关注声优配音效果。进一步说明预订用户是该游戏的核心用户群体。如图 3-10 所示。

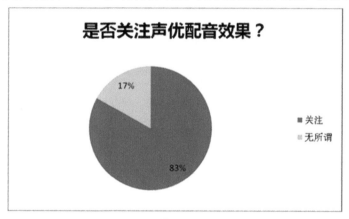

图 3-10

(5)预订用户人口属性

调查结果显示,用户男女比例为 92∶8,年龄主要集中在 18～24 岁,占 58%。如图 3-11 和图 3-12 所示。

(6)预订用户地域分布

根据预订用户的手机号码归属地得出:东部沿海一带的用户较多,主要集中在广东、上海、江苏、浙江等省市,分别占 17%、9%、9%、7%。如图 3-13 所示。

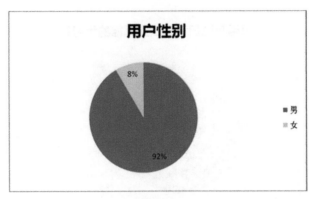

图 3-11

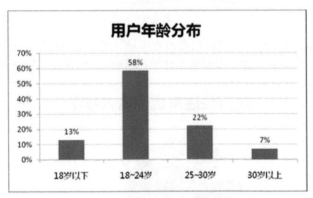

图 3-12

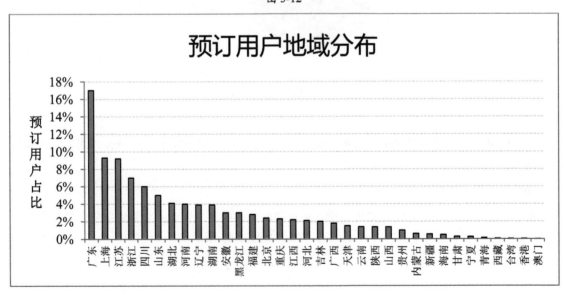

图 3-13

（7）不同类型用户质量

在游戏开启测试后，可根据预订用户登录游戏的日志和付费日志，计算用户留存率、付费率和 ARPU 等关键数据指标，从而判断用户质量。

做不同类型的用户质量对比，需要先将游戏名称分类，此处将预订用户的来源游戏分为两大类，分别为二次元日系卡牌游戏和非二次元日系卡牌游戏。二次元日系卡牌游戏包含《崩坏学园》《炉石传说》《扩散性百万亚瑟王》《乖离性百万亚瑟王》《苍翼之刃》《血族》。非二次元日系卡牌游包含《梦幻西游》《LOL》《刀塔传奇》《奇迹暖暖》《超级地城之光》。

下面先计算不同类型游戏的用户留存率，如表 3-3 和图 3-14 所示，二次元日系卡牌用户次日留存率为 49.5%，比非二次元日系卡牌用户次日留存率高 18%，也高于所有用户的次日留存率。

表 3-3

用户类型	第 1 天留存率	第 2 天留存率	第 3 天留存率	第 4 天留存率	第 5 天留存率
所有用户留存率	47.4%	34.2%	28.7%	25.9%	21.8%
非日系二次元卡牌用户	31.3%	22.9%	18.8%	18.8%	18.8%
日系二次元卡牌用户	49.5%	35.9%	31.1%	28.2%	28.2%

说明：该数据需在游戏开启测试后才能获取，但因为和预订用户关联，且能进一步说明不同类型预订用户的质量，因此，将该部分内容放在本章讲解。

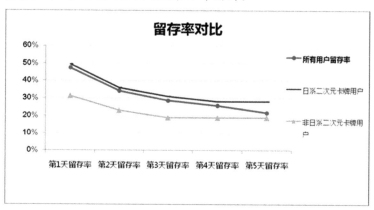

图 3-14

再来看付费情况，二次元日系卡牌用户付费 ARPU 明显高于非二次元日系卡牌用户。和其主要来源游戏用户的历史付费金额较高有关。如表 3-4 所示。

表 3-4

用户类型	总数	付费人数（人）	付费金额（元）	付费率	付费 ARPU（元）
二次元日系卡牌用户	197	56	125 714	28%	2 245
非二次元日系卡牌用户	101	27	26 378	27%	977

（8）分析结论

《游戏 A》预订用户 50 万人，通过以上的详细分析，我们总结出预订用户的特点如下。

➤ 用户属性

Android 和 iOS 用户比例约为 7∶3。由此可推断游戏正式上线后 Android 和 iOS 的用户比例接近 7∶3。

以男性玩家为主，男女比例约为 9∶1，用户群体以 18～24 岁的 90 后、00 后为主要群体，占总用户的六成。

东部沿海一带的用户较多，主要集中在广东、上海、江苏和浙江等省市。

86% 的用户玩过日系二次元手游，83% 的用户关注声优配音效果，用户常玩的游戏 TOP4 均为日系卡牌类游戏，和《游戏 A》本身的风格相符，预订用户是该游戏的核心用户群体，且对声优有兴趣。

➤ 新老用户来源

预订用户中新老用户比例为 35∶65（新用户：非公司用户；老用户：公司用户），公司用户中端游和手游用户比例为 45∶55，新用户比例较《游戏 B》低 14%，由此推测《游戏 A》吸量不如《游戏 B》。

新用户主要来自《乖离性百万亚瑟王》和《LOL》，老用户主要来自公司卡牌类游戏。

➤ 不同类型的用户质量

二次元日系卡牌用户次日留存率为 50%（代表游戏：《崩坏学园》和《百万亚瑟王》），比非二次元日系卡牌用户高 18%，也高于所有用户。说明二次元日系卡牌用户为《游戏 A》的核心用户。

预订用户整体付费能力较强，其中二次元日系卡牌用户付费 ARPU 明显高于非二次元日系卡牌用户。

3.1.5　小结

《游戏 A》以 90 后、00 后的男性玩家为主，用户特征与二次元用户基本吻合，二次元、日系、卡牌、关注声优是目标用户的主要标签。二次元日系卡牌用户是该游戏的核心用户群体。《游戏 A》吸量程度不及《游戏 B》，两款游戏在投入相同市场费用的前提下，带来的用户低于《游戏 B》。公司内可从日系卡牌类手游导入用户，公司外可从百度贴吧、动漫论坛和 B 站导入。线下活动可选择在广东、上海、江苏和浙江等省市中开展。

3.2 案例：预订用户转化率预估

假如一款游戏有 500 万的预订量，那在游戏公测后，这些用户都会登录游戏吗？我们是否要准备最低承载日活跃 500 万人的服务器呢？如果转化率不是 100%，那会有多少用户进入游戏，转化率是多少？这时候，就需要对预订用户的转化率做一个预估，其方法主要是通过历史其他游戏的预订用户转化率和该游戏的预订用户量来预估。下面以《游戏 A》的数据为参考，预估《游戏 D》的转化率。

3.2.1 分析方法概述

根据其他游戏的预订用户登录游戏的数据，预估新游戏的预订用户转化率。可以采用对比分析、分组分析、交叉分析和相关分析方法。主要的分析指标如下。

预订用户转化率：预订登录游戏\预订用户数量，也称预订用户登录游戏的比例。

3.2.2 数据来源

数据来源于为用户预订的数据和预订用户在本公司其他游戏的登录和付费数据。

现以《游戏 A》为例，针对来源数据统计并汇总每月的预订量及登录游戏的用户数量的基础数据，如表 3-5 所示。

表 3-5

游戏名称	预订月份	预订量（人）	预订且登录人数（人）	转化率
游戏 A	2014-01	11 681	3 307	28.3%
	2014-02	51 976	11 037	21.2%
	2014-03	31 137	6 564	21.1%
	2014-04	46 084	9 837	21.3%
	2014-05	39 444	8 667	22.0%
	2014-06	29 239	6 278	21.5%
	2014-07	18 204	4 032	22.1%
	2014-08	17 827	4 277	24.0%
	2014-09	74 711	17 868	23.9%
	2014-10	174 670	22 106	12.7%
	2014-11	390 355	26 849	6.9%
	2014-12	1 012 183	37 695	3.7%
	2015-01	7 365	1 697	23.0%
	2015-02	45 689	11 356	24.9%
	2015-03	50 264	7 098	14.1%
	合计	2 000 829	178 667	8.9%

3.2.3　分析案例

1. 用户预订时间分布

《游戏 A》是一款 MMORPG 端游，于 2014 年 1 月开启预订，2014 年 12 月开启首次封测，2015年 4 月开启公测，预热周期较长，历时 15 个月，累计预订量 200 万。

从每个月的预订量数据来看，首测当月（2015 年 4 月）的预订量达到了峰值，说明游戏测试节点是预热的最好时间。预订量主要集中在开测前 4~6 个月，占总预订量的 80%。主要受市场预热活动影响（2014 年 10 月—12 月有市场投放和测试节点）。如图 3-15 所示。

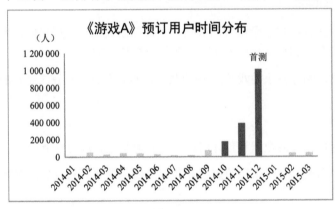

图 3-15

2. 预订且登录用户的预订时间分布

根据《游戏 A》2014 年 1 月至 2015 年 3 月的预订用户账号，和游戏公测后（2015 年 4 月份至 2016 年 11 月）的游戏登录日志关联，可得到每个月的预订用户登录游戏的数量及占比情况。

从图 3-16 可以看出，2014 年 1 月的预订用户转化率最高，达到 28%，说明最早预订的用户最核心。2014 年 2 月至 9 月，在没有市场投放的前提下，登录比例相对平稳，在 22%~24% 之间；2014 年 10 月至 12 月，伴随投放市场费和封测节点，预订量急剧上升，但登录游戏的用户比例明显下降，最低至 4%，说明市场投放带来的预订用户比自然预订用户的质量低。

3. 预订且登录用户的登录时间分布

根据《游戏 A》所有预订用户账号，和游戏公测后（2015 年 4 月至 2016 年 11 月）的游戏登录日志关联，可得到预订用户首次登录游戏的时间分布及登录人数占预订量的比例。

图 3-16

从图 3-17 和表 3-6 中可以看出，68.4%的预订用户在公测首月登录游戏，10.7%的用户在公测第 2 月登录游戏。仅 20%的用户在公测两个月后登录游戏。

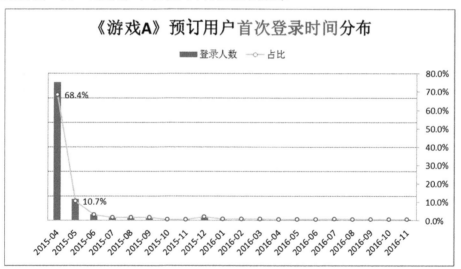

图 3-17

表 3-6

预订用户首次登录月份	登录人数（人）	占总登录人数比例
2014-08	122 209	68.4%
2014-09	19 177	10.7%

预订用户首次登录月份	登录人数（人）	占总登录人数比例
2014-10	5 451	3.1%
2014-11	2 789	1.6%
2014-12	2 672	1.5%
2015-01	2 815	1.6%
2015-02	1 226	0.7%
2015-03	1 054	0.6%
2015-04	3 640	2.0%
2015-05	1 408	0.8%
2015-06	1 451	0.8%
2015-07	1 360	0.8%
2015-08	1 323	0.7%
2015-09	1 173	0.7%
2015-10	1 312	0.7%
2015-11	1 607	0.9%
2015-12	1 145	0.6%
2016-01	1 093	0.6%
2016-02	878	0.5%
2016-03	1 102	0.6%
2016-04	1 065	0.6%
2016-05	907	0.5%
2016-06	889	0.5%
2016-07	844	0.5%

4. 不同游戏预订且登录用户的预订时间对比

通过上面的分析，我们知道《游戏 A》（端游）预订活动在开测前 15 个月开启，首月预订的用户登录比例最高，首月和末月预订的用户登录比相差 15%（首月预订用户的登录比高）。

我们再对比两款手游的数据，看看端游和手游的预订且登录用户的预订时间有哪些差异。

《游戏 B》（手游）累计预订量 100 万，预订活动在开测前 11 个月开启，最后一个月预订的用户登录比例最高，首月和末月预订的用户登录比相差 10%（末月预订用户的登录比高）。如图 3-18 所示。

《游戏 C》（手游）的累计预订量为 80 万，预订活动在开测前 3 个月开启，因开测当月的预订量基数大，是前一个月的 20 倍，因此登录转化率略低于前一个月，首月和末月预订的用户登录比相差 3%（末月预订用户的登录比高）。如图 3-19 所示。

图 3-18

图 3-19

通过以上的对比我们发现，端游的预订用户登录受预订时长影响较小，手游受预订时长影响较大。端游首月的预订用户转化率最高，而手游末月的预订用户转化率最高。

对比三款游戏的预订用户转化率，发现端游的转化率低于手游，其中：《游戏 A》、《游戏 B》和《游戏 C》的预订用户登录游戏的转化率分别为 8.9%、31.1% 和 34.5%，如图 3-20 所示。

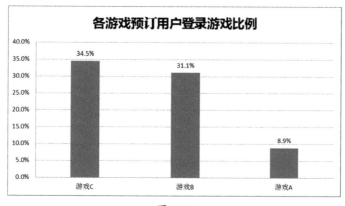

图 3-20

说明:《游戏 A》为端游,《游戏 B》和《游戏 C》为手游,《游戏 A》的预订周期为 15 个月,《游戏 B》的预订周期为 11 个月,《游戏 C》的预订周期为 3 个月。

5.《游戏 D》预订且登录的用户预估

《游戏 D》累计预订量 200 万,和《游戏 A》接近,考虑到两款游戏的预订量接近且游戏类型相似,因此预估《游戏 D》的预订用户转化率和《游戏 A》接近,约为 9%,且用户首次登录游戏的时间分布和《游戏 A》相似,即已转化的用户中大约有 80%会在公测前两个月登录游戏,如图 3-21 所示。

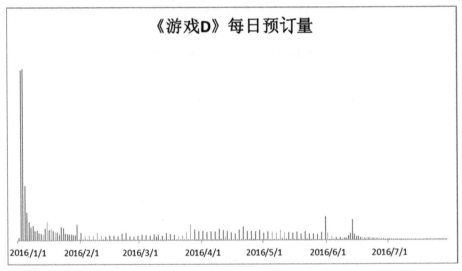

图 3-21

6. 分析结论

《游戏 A》激活码累计预订量 200 万,预订且登录用户占比 9%。根据其预订和登录时间的分布情况,得出以下主要结论:

(1)用户主要集中在开测前 4~6 个月预订,主要受市场预热活动影响。该时间段的预订用户基数大,其登录人数也相对高。

(2)最早预订的用户最核心:其登录比例最高,为 28%;在没有市场预热的前提下,登录比例相对平稳,在 22%~24%之间;当预订用户基数较大时,登录比例明显下降,低至 4%。

(3)近 80%的预订用户在开测首月登录,开测两年后每月仍有 0.5%的预订用户首次登录游戏。

(4)端游的预订用户登录受预订时长影响较小,手游受预订时长影响较大。

- 《游戏 A》预订活动在开测前 15 个月开启,首月预订的用户登录比例最高,首月和末月预订的用户登录比相差 13%。

- 《游戏 B》（手游）预订活动在开测前 11 个月开启，最后一个月预订的用户登录比例最高，首月和末月预订的用户登录比相差 10%。

（5）《游戏 D》累计预订量 200 万，考虑到和《游戏 A》类型相似，预估《游戏 D》的预订用户登录比例约为 9%，**即预订用户中将有 18 万用户会在游戏公测后登录游戏。**

3.2.4　小结

通过上 4 款游戏的数据，我们了解到端游的预订用户转化率约 9%，手游的预订用户转化率在 30%～35% 之间。在游戏类型和预订量相近的前提下，可以根据一款游戏的转化率，推测另一款游戏的转化率。当游戏类型和预订量差异较大时，需要有更多的样本数据支持，可以采用相关的分析方法，找到不同类型的游戏预订量和转化率之间的规律，才能作为参考。

预订用户转化率的预估非常有必要，对于公测后的活跃用户预估，服务器准备能提供很好的数据支持。

3.3　案例：竞品分析

背景：由于工作室计划引进一款 MOBA 类（多人联机在线竞技游戏）手游，故需要对目前市场上最热门的 MOBA 类游戏《游戏 A》进行分析，主要从数据表现、市场计划、运营活动、数据表现好的原因，以及其他畅销的 MOBA 类游戏数据对比等几个方面入手，从而推测新游戏上线后大致的市场份额，做到知己知彼，为工作室是否发行 MOBA 类游戏提供决策支持，也能为游戏发行的市场和运营活动提供参考。分析内容如下：

《游戏 A》是×××工作室推出的 MOBA 类竞技手游，于 2015 年 1 月开始不删档测试，上线后活跃用户一路上涨，2016 年 7 月官方宣布：注册用户已达到 1.5 亿、日活跃人数突破 4000 万，近期稳居畅销榜前 5 名。

下面具体分析一下。

3.3.1　市场宣传、预热活动

- 首发后电竞明星在游戏直播平台进行试玩品鉴。
- 曝光官方预告片。
- "OMG 电子竞技俱乐部"和"万万没想到"明星战队对战。
- 10 多位电竞名人在斗鱼、战旗及龙珠三大直播平台连续三日直播对战。
- 开启"城市挑战赛"、"勇者冠军杯"等多项竞赛项目。
- 与美女主播推出《游戏 A》的解说节目。
- 同人小说、绘画的征集活动。

- 联手"必胜客"推出一系列线下活动。
- 暑期盛典开启，郭敬明、陈学冬对战杜海涛、笑笑、大哥、小苍赢得了现场玩家们的追捧，并曝光年度品牌宣传片。

3.3.2　开测表现

- 开测首月在 iOS 平台收入近 1000 万元，日均收入 100 万元左右，开测 269 天内，iOS 平台总收入约 8.3 亿元，日均收入约 300 万元，总下载量超 3200 万次。2016 年 7 月日均收入约 800 万元。
- 历史排名：免费榜第一，畅销榜第一。iOS 平台最高日收入约 1000 万元。

3.3.3　运营活动与版本计划

- 每隔 7～14 天更新一次活动，含各种节假日活动、英雄专题活动。
- 平均半个月左右会上架新英雄/皮肤。
- 每周更新一次版本，特殊节日也会更新特殊版本与活动。

3.3.4　数据表现好的原因

- PC 端庞大的 MOBA 类游戏玩家。
- 和 PC 端相比游戏时长缩短，玩家可以利用 10 分钟碎片化时间玩。
- 开始主打较适合 MOBA 类手游的"3V3"（3 人对战 3 人）类型，将传统 MOBA 类游戏中的 3 条路精简为 1 条，加快团战的节奏，之后又加入"5V5"等模式
- 加入了其他 MOBA 类游戏英雄比较少见的东方特色，使用来自中华上下五千年的各个英雄豪杰。
- 致力于战场的调整及英雄的平衡性调整，营造更公平、公正的游戏环境。
- 好友互动性的加强，社交功能的完善。
- 舍弃了英雄养成和体力限制，采取符文系统更利于玩家尝试多个英雄，提高玩家英雄的容错率。
- 除了 PVP（PlayerVS Player，在游戏中泛指玩家与玩家对战，比如我们常说的 PK 战、攻城战等），又加入更丰富的 PVE（Player VS Environment，在游戏中泛指玩家与环境对战，主要指挑战强大的 BOSS 等活动）冒险模式。
- 较 PC 端操作方面的减弱把控很到位，简单易上手，又不失可玩性。
- 精美的画面和配音效果使游戏体验更好。

3.3.5　畅销榜前 50 名的 MOBA 类手游数据对比

比较对象包括《游戏 B》《游戏 C》《游戏 D》《游戏 E》。

- 《游戏 A》累计下载量占畅销 MOBA 类手游的 62%，累计收入占 75%。
- 《游戏 A》上架之后，下载量一直维持在较高水平，不像之前的《游戏 B》和《游戏 C》，在上线初下载量较大，之后很快衰减。而《游戏 A》的每日收入也远超其他进入过畅销榜前 50 名的 MOBA 类游戏。
- 2016 年 7 月《游戏 A》占据整个 MOBA 类游戏市场的 95%以上：畅销榜排名稳定在前 5 名，而其他 MOBA 类游戏均没有进入前 50 名。

通过以上结论可以看出，新的 MOBA 类手游难以挤进畅销榜前 50 名，更难以和《游戏 A》抗衡，也难以占据 7 月除《游戏 A》之外的 5%的全部市场份额。

3.3.6　详细分析

（1）测试节点、版本计划、市场活动总览，如图 3-22 所示。

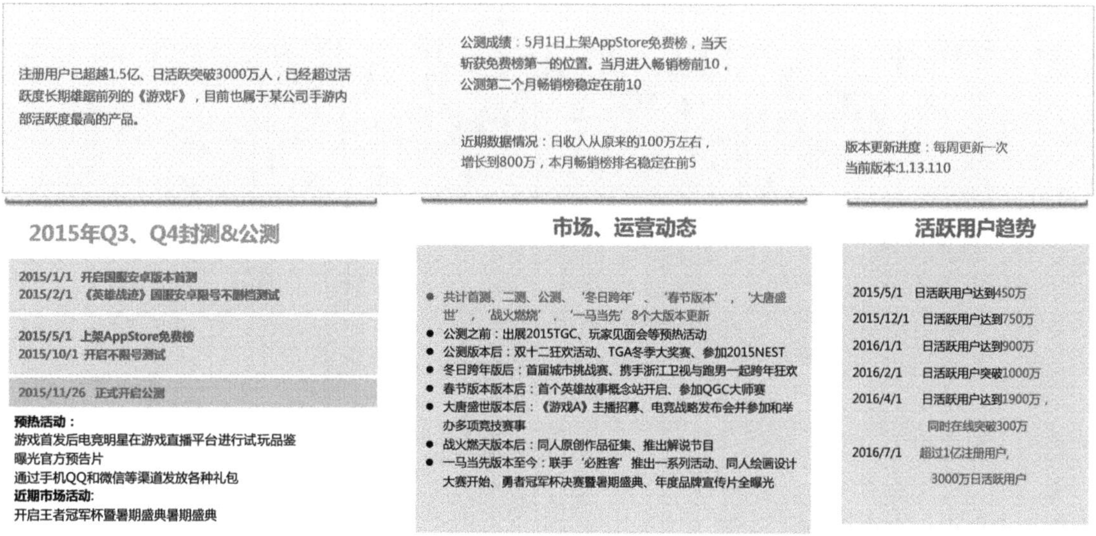

图 3-22

（2）《游戏 A》在 iOS 平台的收入、下载量和排名，如图 3-23 和图 3-24 所示，排名和收入日渐上涨。

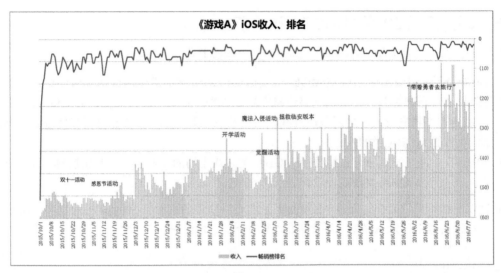

图 3-23

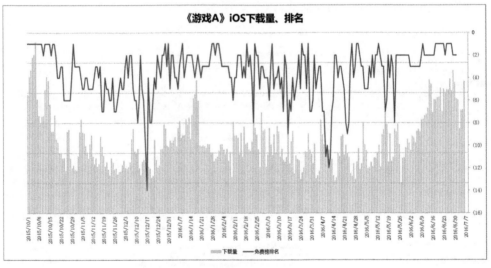

图 3-24

（3）曾进入过畅销榜前 50 名的 MOBA 类游戏总收入、下载量对比。

《游戏 A》相较于其他 MOBA 类游戏，上线时间最晚，总下载量占 MOBA 类游戏的 62%。总收入占 72%，如图 3-25 和图 3-26 所示。

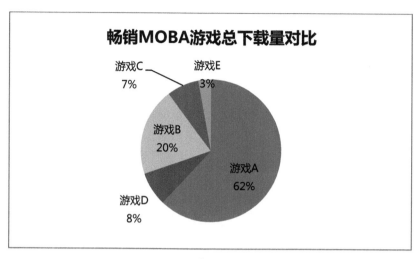

图 3-25

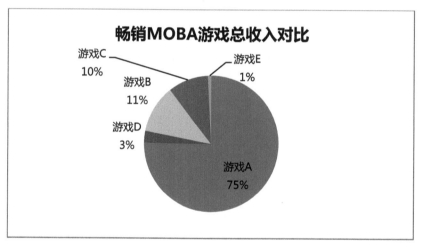

图 3-26

（4）曾进入过畅销榜前 50 名的 MOBA 类游戏每日收入、下载量对比。

如图 3-27 和图 3-28 所示的对比可以发现在《游戏 A》上架之后，下载量一直维持在较高水平，不像之前的《游戏 B》和《游戏 C》，在上线初下载量较大，之后很快衰减。而《游戏 A》的每日收入也远超其他进入过畅销榜前 50 名的 MOBA 类游戏，本月《游戏 A》畅销榜排名稳定在前 5 名，而其他 MOBA 类游戏均没有进入前 50 名，占据整个 MOBA 类游戏市场的 95%以上。

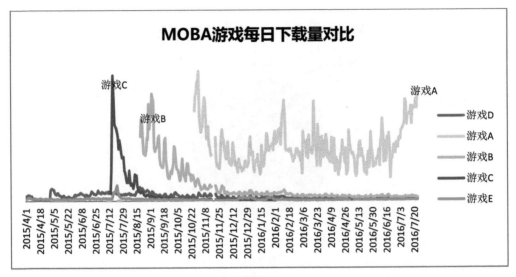

图 3-27

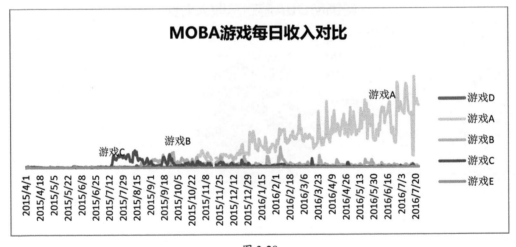

图 3-28

（5）版本更新时间表（此处省略）。

第4章

游戏封测期

游戏的测试节点，一般分为 CB 和 OB 两个阶段。CB（Close Beta）指游戏对外封闭测试期，是在小范围内的限量测试，有发放激活码和不发放激活码两种测试方式，大部分封测都会在测试结束后删档，其主要目的是为了发现问题和解决问题。OB（Open Beta）指游戏公开测试，是大规模不限量不删档测试，其主要目的是为了导入更多的用户，获取更多利润。

➢ 封测目的

（1）检验游戏版本质量、稳定性、游戏性、易用性、功能性、交互性和商业化系统，通过封测把这些问题暴露出来，便于研发和运营人员有针对性地解决这些问题。

（2）测试出游戏的关键数据指标，例如留存率、付费率、ARPPU 和 ARPU。并和本公司内部及行业同类产品进行比较，确定产品的评级，明确产品在公司和行业里所处的位置，结合企业策略制定相应的发行计划。

（3）借助测试达到一定的预热宣传目的，培育和发掘需求，吸引更多的用户关注产品，为公测做好宣传造势。

（4）根据用户的游戏行为数据和问卷反馈数据，帮助策划人员明确设计方向。

➢ 封测次数

通常新游戏都会经历不止一次封测，不少游戏都会封测三次甚至更多次。一般情况下，第一次侧重测试技术问题和留存率问题，第二次则主要测试付费情况。除了未做过多本地化的国外成熟产品（意思是一般国外的游戏产品引入中国后要做适合国内玩家的本地化修改，比如字幕文化等）外，很少有游戏会非常顺利。如果某次测试没有达到测试目的，还需要增加测试次数。而如果每次测试都达到了测试目的，并且数据良好，则无须做太大调整，也就不需要进行多次测试了。

➢ 本阶段数据分析师的工作内容

（1）用户调查分析：通过问卷调查，分析封测的用户人群属性，这些用户对游戏画面、职业、新手引导、技能、副本、社交功能等内容的体验和评价如何，有什么建议。便于对游戏进行修订和优化。

（2）渠道质量分析：通过接入渠道的导入量、留存率和付费数据，进行综合排名，全面了解渠道表现。帮助筛选渠道，获取更多的有效用户，让产品收益最大化。

（3）漏斗分析：分析用户从点击广告素材到进入游戏过程中各环节的转化数据，帮助定位问题，进行有针对性的产品改进。

（4）留存率评级：根据封测留存率对产品进行评级，评估产品质量，帮助产品定位。评级标准可参考第 2 章 2.2.5 节"留存率和游戏质量的关系"。

（5）数据预测：包含公测市场费、活跃用户、收入、利润率和收回成本时间的数据预估。为市场投放决策提供依据，合理分配资源，减少资源浪费。

（6）流失分析：根据用户游戏行为数据，找到用户流失卡点，帮助设计人员产生落地的解决方案，实现游戏优化。

游戏封测期间的数据表现直接影响到公测策略，尤其是手游，如果产品能被渠道所重视，则会在公测期间获得不错的渠道资源；如果产品被渠道否定，则很难获得较好的渠道资源。 数据分析的主要工作内容是进一步了解用户特点，是否和最初的产品设计需求背离；找到用户流失的可能原因；收集玩家对游戏的修改意见和建议，根据测试的数据评估游戏质量并预估最优的市场投放费用；帮助发现游戏内问题，合理分配公司资源。

4.1 案例：封测用户调查分析

游戏封测期间和预热期间的用户调查的相似之处在于了解用户特征，不同之处在于预热期间的调查重点是帮助给出市场宣传方向，而封测期间的调查重点是帮助发现游戏问题，了解用户体验的感受，为游戏的改进和完善提供依据。

下面以某款 FPS 游戏首次封测问卷调查为例，对调查结果数据进行分析。

4.1.1 调查目的

了解用户对包含游戏画面、职业、新手引导、地图、射击体验、技能、副本、怪物、PVP、武器、装备、社交功能等体验的评价、看法及相关建议，为今后的版本和完善提供参考依据。

4.1.2 问卷设计思路

游戏测试共 5 天，共设计 5 份问卷，登录问卷的账号和游戏平台账号关联，根据玩家的游戏进度匹配对应的问卷，每登录一天的用户能完成当天的一份问卷。每份问卷的内容各有不同，每天的问卷内容分布如表 4-1 和表 4-2 所示。

表 4-1

日期	职业	画面及风格	人物移动及射击感	引导系统	技能	副本
第1天	职业人设形象	明亮度	移动、疾跑和跳跃	新手操作教程	PVE 战斗中的初体验	副本组队机制
		画质精细度	瞄准方式的体验	地图指引（含大小）		初期副本节奏
		画面流畅度	击杀感受	护盾及枪械的装备		地图大小
		色彩表现	弹道效果			初期副本游戏趣味性
		AI 辨识度				
第2天	PVE 职业协作性初步体验				PVP 中职业技能的初体验	进阶副本体验
					技能在战斗中的作用性	副本差异化玩法
					战斗中技能使用的主动性	副本中弹药及血量补充机制体验
						副本中收集机制体验
						副本收益结算
第3天	PVE 职业协作性深度体验				技能在战斗中的作用性	进阶/高阶副本体验
					战斗中技能使用的主动性	副本关卡设计评价
						副本中动态场景效果
						副本体力值设定需求
						副本中死亡及复活机制
						现有副本类型评价
						副本整体难度评价
						不同难度设定下的副本体验
第4天					技能天赋树在PVP中不同加点及使用策略	

续表

日　期	职业	画面及风格	人物移动及射击感	引导系统	技能	副本
					技能天赋树在PVE中不同加点及使用策略	
第5天						

表 4-2

日　期	怪　物	PVP	武　器	装　备	社交功能	总体评价
	初期BOSS体验		枪械数值对比	手雷使用体验		首日体验满意度
第1天			枪械属性展示	护盾使用体验		继续体验意愿度
	进阶BOSS体验	PVP等级拉平机制	武器熔炼、打造	进阶体验中	好友，聊天，邮件，公会功能体验	进阶体验满意度
第2天		PVP模式战斗初体验感受	武器元素属性初印象	护盾选择策略		继续体验意愿度
		PVP组队机制		职业模组的初步体验		
		地图设计评价				
	进阶/高阶BOSS体验		武器强化功能体验		公会功能进阶体验（公会技能）	进阶体验满意度
第3天	怪物种类评价		枪械附加属性体验及选择策略			继续体验意愿度
	怪物AI设定评价		PVE中元素武器进阶需求（不同类型怪物带有不同的元素抗性）			

续表

日 期	怪 物	PVP	武 器	装 备	社交功能	总体评价
	怪物形象设计评价		职业与枪械专精度的匹配体验			
	怪物刷新机制		PVE 及 PVP 模式中枪械类型选择意愿度			
第 4 天		PVP 中职业搭配策略	PVP 中元素武器选择	战斗中职业模组的选择策略		高阶体验满意度
		PVP 职业平衡性评价	熔炼打造功能深度体验			继续体验意愿度
		PVP 新模式种类展望				
		更多人数规模的PVP				
第 5 天	高阶 BOSS 体验					总体体验满意度
	BOSS 体验综合评价					对游戏提炼特色的认定
						从单机到网游改编方式评价
						创新度评价
						后续关注并持续体验的意愿度
						推荐意愿度

除了上述表格形式，还可以使用思维导图，如图 4-1 所示。读者可以根据具体情况选择。

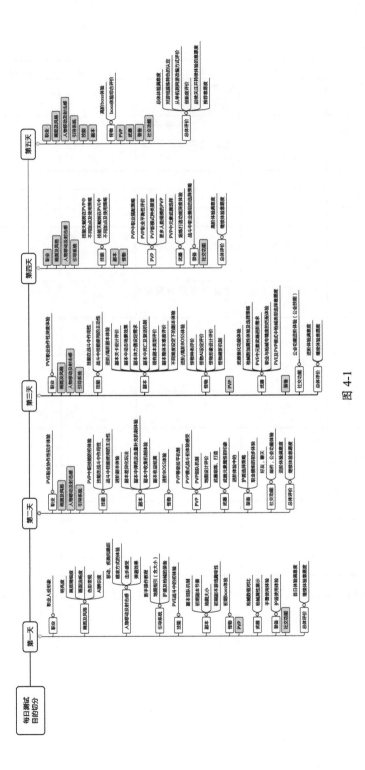

图 4-1

4.1.3　分析方法概述

定量研究，采用了对比分析法、分组分析法、平均分析法和交叉分析法。

4.1.4　数据来源

调查问卷的数据来源于问卷系统后台数据库，如图 4-2 所示是收集好问卷后的部分原始数据截图。

A	B	C	D	E	F	G	H	I	J	K
IP	提交时间	请问您之前玩过	请问【游戏A】体验	请您详细谈谈，为什	您的性别？	您的年龄？	您的职业是？	请问您对游戏【上手难度】	今日体验下来，	请具体谈谈，为什么您不太喜欢
123.149.89.246	#######	我是《游戏A》系列忠实玩家，至少通关过一款作品且至今仍在玩							非常喜欢	
1.204.100.102	#######	我是《游戏A》系	非常不符合预期，手	剧情不够吸引，战斗	男	26-30岁	个体经营、自	没有任何难度	比较喜欢	
114.222.80.111	#######	我是《游戏A》系列忠实玩家，至少通		bug 太多					比较喜欢	
42.203.217.25	#######	我玩过《游戏A》系列游戏，但玩得并不算深入							比较喜欢	
218.66.232.146	#######	我是《游戏A》系列忠实玩家，至少通关过一款作品且至今仍在玩							比较喜欢	
114.217.29.23	#######	我是《游戏A》系	一般，谈不上满意		男	18-22岁	学生	没有太多难度，稍微摸索一	比较喜欢	
42.100.118.103	#######	我玩过《游戏A》	比较一致，比较满意当前游戏的改编		男	18-22岁	学生	没有太多难度，稍微摸索一	比较喜欢	
125.34.191.139	#######	我玩过《游戏A》	非常不符合预期，手	虽然是首测，但是	男	23-25岁	专业人员	没有太多难度，稍微摸索一	一般	因为游戏画面的帧数太低，导致
61.155.5.121	#######	我是《游戏A》系列忠实玩家，至少通关过一款作品且至			男	23-25岁	上班族	没有任何难度	比较喜欢	
180.108.124.254	#######	我玩过《游戏A》系列游戏，但玩得并		游戏不是很稳定，经常闪退，画面不是很炫酷					一般	太僵硬了
101.89.130.228	#######	我是《游戏A》系列忠实玩家，至少通关过一款作品且至今仍在玩							比较喜欢	
1.199.78.188	#######									
42.100.118.103	#######									
114.111.167.157	#######	我是《游戏A》系	非常不符合预期，手	技能不行，系统不行	男	26-30岁	上班族	没有任何难度	非常喜欢	
61.153.218.214	#######	我玩过《游戏A》	一般，谈不上满意		男	18-22岁	学生	没有太多难度，稍微摸索一	非常喜欢	
112.80.219.14	#######	我玩过《游戏A》	比较一致，比较满意当前游戏的改编		男	26-30岁	个体经营、自	没有太多难度，稍微摸索一	比较喜欢	
221.237.127.109	#######									
111.197.162.200	#######	我是《游戏A》系列忠实玩家，至少通关过一款作品且至今仍在玩							比较喜欢	
113.227.42.3	#######	我是《游戏A》系	一般，谈不上满意		男	18-22岁	学生	没有太多难度，稍微摸索一	非常喜欢	
222.88.156.9	#######	我是《游戏A》系	一般，谈不上满意		男	18-22岁	学生	没有太多难度，稍微摸索一	非常喜欢	
1.58.93.227	#######	我是《游戏A》系列忠实玩家，至少通关过一款作品且至今仍在玩							非常喜欢	
112.81.12.57	#######	我是《游戏A》系列忠实玩家，至少通关过一款作品且至今仍在玩							比较喜欢	

图 4-2

本次调查的题目类型有单选题、多选题、矩阵题、问答题。针对以上原始数据进行统计汇总，并按不同类型的题目进行汇总并求出占比后的数据如下。

（1）单选题（见表 4-3）

表 4-3

请问您对“副本组队机制”满意吗？【单选】	占　比
不太满意	29%
一般	28%
比较满意	27%
非常满意	9%
没体验到	7%

每天的问卷中都有同样题目的单选题（见表 4-4）。

表 4-4

今日体验下来，请问您是否还愿意继续体验游戏呢？【单选】	D1（第 1 天）	D2（第 2 天）	D3（第 3 天）	D4（第 4 天）	D5（第 5 天）
比较愿意继续体验下去	42%	40%	37%	34%	33%
不愿意继续体验下去	1%	1%	1%	1%	1%
非常愿意继续体验下去	46%	50%	55%	57%	59%
一般，可玩可不玩，无所谓	11%	9%	7%	8%	7%

（2）多选题：统计展示的结果和单选题类似，此处不再赘述。

（3）单选矩阵题（见表 4-5）

表 4-5

以下这些描述，请选择最符合您在使用"地图系统"时的情况。（请您如实回答）？【单选矩阵】	非常认同	比较认同	一般	不认同	不知道
在镇/城中，我能有效使用地图找到目标 NPC	61%	28%	7%	2%	2%
在镇/城中，我能有效使用地图查看到当前任务交接/完成状态	64%	26%	6%	1%	2%
在副本中，我能有效使用地图判断怪物出现/分布情况	57%	27%	11%	3%	3%
我曾经在地图中迷路过	27%	19%	13%	36%	6%
我不知道如何打开大地图	30%	15%	10%	40%	5%
界面上的小地图能给我很好的指引	50%	33%	13%	3%	2%

（4）问答题

本例使用关键字对答案进行归类。

4.1.5 详细的调查结果分析

某款 FPS（First-Person Shooting game，指第一人称射击类游戏）手游首次封测，针对游戏服务器的稳定性、游戏画面、职业、新手引导、地图、射击体验、技能、副本、怪物、PVP、武器、装备、社交功能等内容的体验和评价进行问卷调查，就其调查结果进行分析。详情如下。

➤ 调查时间

2016 年 5 月 23 日至 2016 年 5 月 27 日

➤ 调查对象和数量

首次封测活跃用户（共 1910 人），参与调查的用户共 797 人，参与率 42%。

共收到问卷 2593 份，其中无效问卷 330 份，人均填写问卷 3 份。

第 1 天至第 5 天的问卷数量占比：33%、26%、22%、12%、7%。

➤ 数据清洗原则

● 去掉问卷填写重复的；

● 去掉逻辑互斥的（例如选填了没有体验到游戏内容，同时又提交了问卷）。

➤ 用户整体情况

根据用户是否玩过或听过《游戏 A》系列游戏的情况，将玩家分为三类人群，分别命名为重度用户、中—轻度用户、潜在用户，占比分别为 74%、19%、6%（参与调查问卷填写的各类型用户比例，基本上与激活码申领的比例接近，虽然在发码的过程中倾向于后两者）。如图 4-2 所示。

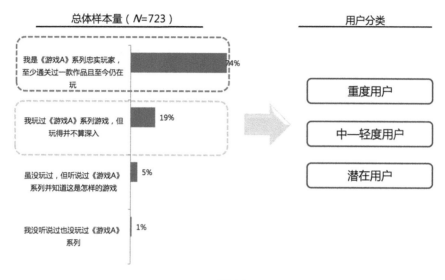

图 4-2

> 用户初体验评价

多数用户认为《游戏 A》网游的体验不符合预期，其中重度用户认为体验比预期值相对更低。如图 4-3 所示。

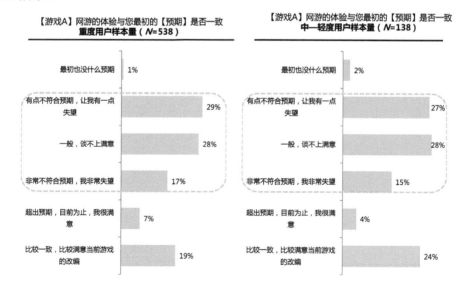

图 4-3

低于预期值的原因，如图 4-4 所示。

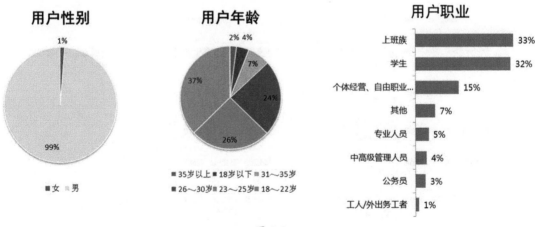

1. **服务器问题：卡、掉线、副本无法进入，占80%**

不断卡机，建人物卡、进游戏卡、进FB卡。

2. **画面相关：占14%**

画质太差，屏幕不能全屏，不如原版的引擎流畅度低，射击动作僵硬，场景精细度低，画面风格不符合原作，地图太小。

3. **其他：射击手感、职业技能、音效、枪械等：占6%**

角色开枪特效太生硬，音效死板没有原作的；装备栏中，装备的拖动太僵硬死板，就跟贴图一样；一测装备爆率过高，不过这点无伤大雅，因为是一测所以玩家的确应该多接触装备，建议在二测之后调低。

枪械系统：手枪后坐力太大，霰弹枪后坐力太小，只要是狙击枪精准就是100%，就现在看来，枪械系统并不符合原版设定。

图 4-4

➤ 用户人口属性

99%的用户为男性。

用户年龄以 18～22 岁为主，占 37%；23～25 岁、26～30 岁为次，分别占 26%、24%。

用户职业中上班族和学生的比例相当。如图 4-5 所示。

用户性别

1%
99%

■女 ■男

用户年龄

2% 4%
7%
37%
24%
26%

■35岁以上 ■18岁以下 ■31～35岁
■26～30岁 ■23～25岁 ■18～22岁

用户职业

职业	比例
上班族	33%
学生	32%
个体经营、自由职业…	15%
其他	7%
专业人员	5%
中高级管理人员	4%
公务员	3%
工人/外出务工者	1%

图 4-5

➤ 上手难度

重度用户认为游戏的上手难度明显低于中—轻度用户和潜在用户。如图 4-6 所示。

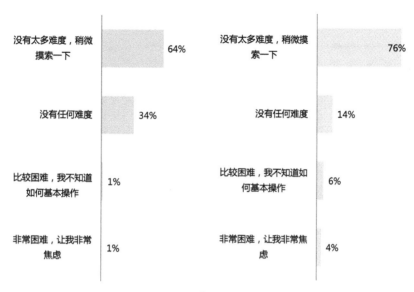

图 4-6

➤ **画面与画风**

17%的用户认为画面一般、不好看。重度用户对游戏画面风格相对更认可。如图 4-7 所示。

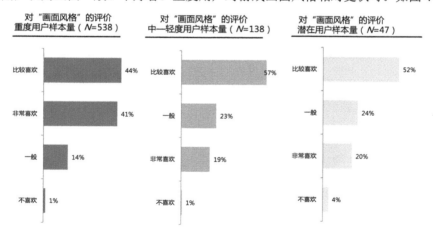

图 4-7

用户总体上对画面流畅度最不满意，对明亮度最满意。

重度用户、中—轻度用户对画面精细度不够满意，而潜在用户对中国风元素的融入不够满意。如图 4-8 所示。

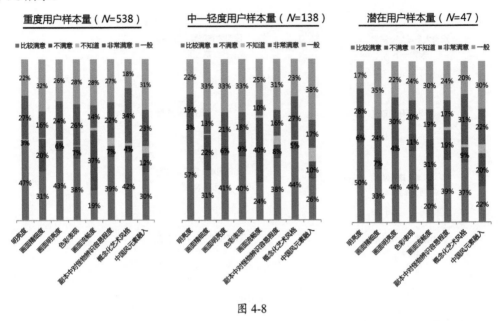

图 4-8

➢ 职业

职业 A 是最受欢迎的职业，其次是职业 B、职业 C、职业 D。职业的战斗特点是玩家选择职业的首要考虑因素。如图 4-9 所示。

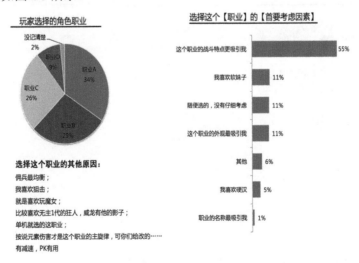

图 4-9

> 新手引导

15%的用户认为新手引导不清。重度用户对新手引导的评价高于中—轻度和潜在用户。如图4-10 所示。

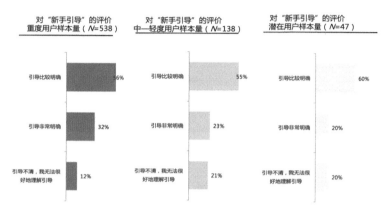

图 4-10

新手引导中引导不清或需要改进的。如图 4-11 所示。

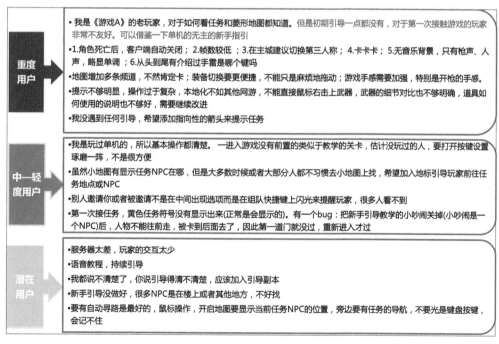

图 4-11

相对来说，用户对如何在战斗中蹲下、如何使用近身攻击的操作掌握程度不够。如图 4-12 所示。

	非常熟练	比较熟练	一般	不熟练	不知道
我知道如何前进、左右走、后退	90%	7%	2%	0%	1%
我知道如何接取任务	89%	8%	2%	0%	1%
我知道如何在战斗中快速前进	87%	8%	4%	0%	1%
我知道如何在战斗中蹲下	82%	10%	5%	1%	3%
我知道如何辨认任务类型（如主线、支线等）	80%	11%	6%	1%	2%
我知道如何操作主界面右下角的菜单栏	81%	11%	5%	1%	2%
我知道如何选择、进入副本	85%	10%	3%	0%	1%
我知道如何在战斗中切换枪支	85%	9%	4%	0%	1%
我知道如何重新装弹	88%	8%	2%	0%	1%
我知道如何使用手雷	84%	9%	4%	1%	3%
我知道如何装备护盾	83%	11%	4%	1%	2%
我知道如何使用近身攻击	78%	11%	4%	3%	4%
我知道如何打开副本中的箱子、拾取物品	83%	11%	3%	1%	1%
我能很好地理解武器的各项性能参数	73%	13%	8%	3%	2%
我能很好地理解不同武器之间武器数值对比的意义	73%	14%	8%	3%	2%
商店的使用简单易懂	73%	16%	7%	2%	2%

图 4-12

> 地图系统

最符合玩家在使用"地图系统"时的描述：约 45%的玩家曾在地图中迷路或不知道打开大地图。如图 4-13 所示。

	非常认同	比较认同	一般	不认同	不知道
在镇/城中，我能有效使用地图找到目标NPC	61%	28%	7%	2%	2%
在镇/城中，我能有效使用地图查看当前任务交接/完成状态	64%	26%	6%	1%	2%
在副本中，我能有效使用地图判断怪物出现/分布情况	57%	27%	11%	3%	3%
我曾经在地图中迷路过	27%	19%	13%	36%	6%
我不知道如何打开大地图	30%	15%	10%	40%	5%
界面上的小地图能给我很好的指引	50%	33%	13%	3%	2%

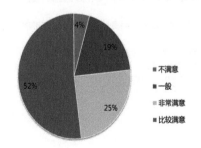

对游戏中的"地图"(仅指地形设计及风格)满意度

- 不满意 4%
- 一般 19%
- 非常满意 52%
- 比较满意 25%

■ 不满意
■ 一般
■ 非常满意
■ 比较满意

不满意的原因

- 比较多地方不能去，有空气墙挡住。跟单机不同，单机的自由度很大
- 单机里的玩点跳箱子体验不到，好多位子不对，会卡东西，贴图不太准确
- 地图太小，而且不是无缝连接。怪物AI太低，地图的趣味性太低，箱子太单调，来来去去就那几个箱子。容易让人感到无聊
- 地形过于粗糙，完全看不出是在2015年推出的网游，这要是在2010年推出的游戏大概我可能才会稍微接受点
- 看起来好糟糕的贴图。麻烦先把画面提升到游戏A2级别的画面好吗？而且地图的自由度也不够高
- 感觉还是缺少一些游戏战略意义的地形，还有也没有空旷的那种地形
- 太过狭小单调，为何不能做成想单机类似的图，只在城里能看到其他玩家，出城就只能看到队友，这样的设定难道不会比副本形式好吗？副本无论如何都会让人刷到吐。流亡暗道那样的结构做的就很不错
- 游戏副本中地图会存在bug，按M键显示的是超大比例的地图
- 有些地方明明有障碍，但是敌人子弹还是能射过来，地形有时候会造成一些bug，比如走到某个特定地点就会掉血

图 4-13

➢ 射击体验

15%的用户认为射击体验操作不好。

中—轻度用户的射击体验满意度略低于重度用户。如图 4-14 所示。

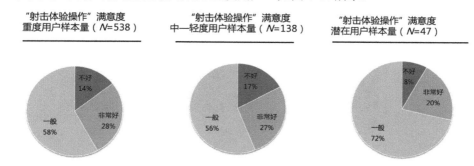

图 4-14

说明：因潜在用户样本数量较少，游戏体验时间不长，加上没有玩过《游戏 A》单机系列游戏，所以在射击体验操作的满意度上和其他类型的用户差异较大。

射击体验不满意的原因如图 4-15 所示。

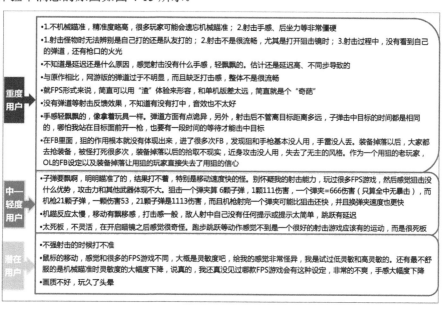

图 4-15

➢ 技能

超过一半的用户在一天的战斗体验中没有使用技能。如图 4-16 所示。

"职业技能"对副本中的战斗是否有帮助
第1天用户样本量（N=730）

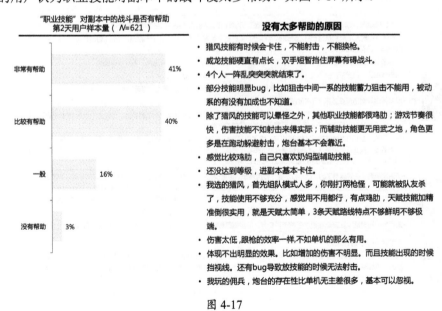

	我在副本中还没使用过技能	我加了技能点，但是忘记在战斗中使用技能	我在战斗中，知道如何利用自己角色的技能
不知道	9%	15%	12%
不符合	29%	37%	5%
一般	10%	13%	11%
比较符合	19%	18%	24%
非常符合	33%	17%	47%

图 4-16

19%的用户认为职业技能对副本中的战斗没太多帮助。如图 4-17 所示。

"职业技能"对副本中的战斗是否有帮助
第2天用户样本量（N=621）

- 非常有帮助 41%
- 比较有帮助 40%
- 一般 16%
- 没有帮助 3%

没有太多帮助的原因

- 猎风技能有时候会卡住，不能射击，不能换枪。
- 威龙技能硬直有点长，双手短暂挡住屏幕有碍战斗。
- 4个人一阵乱突突突就结束了。
- 部分技能明显bug，比如狙击中间一系的技能蓄力狙击不能用，被动系的有没有加成也不知道。
- 除了猎风的技能可以晕怪之外，其他职业技能都很鸡肋；游戏节奏很快，伤害技能不如射击来得实际；而辅助技能更无用武之地，角色更多是在跑动躲避射击，炮台基本不会靠近。
- 感觉比较鸡肋，自己只喜欢奶妈型辅助技能。
- 还没达到等级，进副本基本卡住。
- 我选的猎风，首先组队模式人多，你刚打两枪怪，可能就被队友杀了，技能使用不够充分，感觉用不用都行，有点鸡肋，天赋技能加精准倒很实用，就是天赋太简单，3条天赋路线特点不够鲜明不够极端。
- 伤害太低，跟枪的效率一样，不如单机的那么有用。
- 体现不出明显的效果。比如增加的伤害不明显。而且技能出现的时候挡视线。还有bug导致放技能的时候无法射击。
- 我玩的佣兵，炮台的存在性比单机无主差很多，基本可以忽视。

图 4-17

➤ 副本

50%的用户认为副本趣味性一般，没有什么乐趣。如图 4-18 所示。

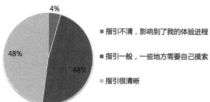

对界面给出的操作指引的评价

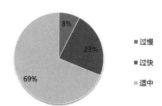

对"副本节奏"的评价

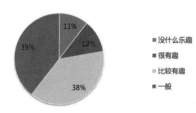

对"副本趣味性"的评价

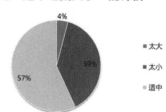

对"副本地图大小"的评价

图 4-18

> 副本组队机制

29%的用户不满意副本组队机制。如图 4-19 所示。

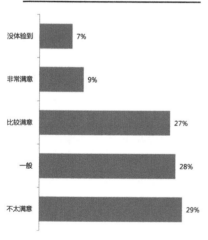

对"副本组队机制"不满意的原因

* 副本过于简单，没有激情，怪物太少，AI太差，人物绘画太丑，必须组队，不能单刷，装备分配机制太差，太差！Boss不明显。《游戏A》单机版吸引人的地方是：开放的世界，现在看来是开放世界没有。
* 1.稳定性不足；2.不支持队伍人数上限设定。
* 副本中的武器道具是先到先得。不太熟悉的玩家完全捡不到地图上的武器箱子。
* 1.自动匹配缺少合作性和交流；2.有时候喜欢自己战斗。
* 4个人进去，专注打怪的少，都奔着箱子去了，手快有，手慢无，根本不管怪，没有合作。
* 不能主动组队，没有队伍招募。
* 副本组队是认同的，但是强制匹配不喜欢。这个机制有好有坏。
* 更喜欢无缝野外。
* 可能由于首测第一天玩家比较多，加上服务器问题，体验不出，但是我相信大多数玩家希望有：是否组队进副本有主控权，不是所有人都希望每一把图都组队，有很多时间战士喜欢独自一个人去副本，体验掉宝的快感，打不过的，自然会想到主动找小伙伴。
* 匹配会卡死，组队很麻烦，别人喊话也没法组，只能见面组队。
* 最好还是有单人副本机制，路人4人副本总是没什么配合，而且就是各打各的，失去了我们从前联机的感觉。支持单人副本或组队分别，希望副本机制上能多出个单人副本─组队副本，这样就好了。自动匹配的副本也可以保留，但是玩家可以选择进入副本的方式。

图 4-19

> 怪物

体验第 2 天，6% 的用户对怪物的印象很差。主要认为怪物单一、AI 智商低、精度差。如图 4-20 所示。

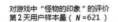

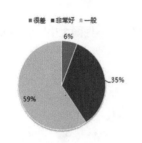

对游戏中"怪物的印象"的评价
第2天用户样本量（ *N* =621 ）

很差 ■ 非常好 ■ 一般

6%

35%

59%

对"怪物的印象"很差的原因

- 怪物太单一，刷久了太单调太无聊，也会出现审美疲劳。
- 走路生硬，有些怪物攻击力高得太离谱。
- AI智商低，攻击模式单一，动作僵硬。
- 到目前为止只体验了第一个FB，里面的怪物全是狗啊狼狗，模型也差。地图小，就在这么小的地图里面，怪物更少，而且从洞里出来，就对着洞打，没挑战。
- 感觉第一章节的精英怪貌似就俩，一个狼一个人。其他的怪物重复率更大。BOSS方面除了蜘蛛以外，还有BOSS的体验吗？
- 精度太差，跟原作不能相提并论。可能为了降低难度，怪物动作傻，但是速度和动作不协调，看着很不舒服。
- 少了单机的语音，例如:kill you!BABY。
- 远程精英怪，和单机完全不同，露头就中，几枪就死太"坑"。
- 怪物出现时没有相应的攻击动作而是有几秒的动画时间，在这个时间可以攻击怪物，导致可以全部人使用霰弹枪让怪物没出现前直接死亡，减少了过关的趣味性。另外攻击怪物的脚部不会出现瘫痪情况，怪物移动速度不会减少，使游戏过于僵硬化。

图 4-20

> PVP

对 PVP 模式战斗初体验的感受如下所示。

- 打击感不太好，可能是因为要兼顾 RPG 的原因，但感觉比较薄弱，竞技性要更好才行。
- PVP 的战斗较为激烈，技能的使用使一些角色优势较为明显。
- 在 PVP 模式中，玩家各打各的，基本没有配合。还有服务器一直都没解决卡顿问题，没多少人在玩 PVP 。
- 对护盾的运用非常重要！当你的护盾被消耗掉以后适当地躲避后退将会让你更容易获得胜利。另外，如果不能将对方的狙击手先干掉将会非常被动。被击中头部的感觉真是太痛苦了！
- 感觉目前 PVP 还是有一定趣味性的，平衡性还可以。假如 PVP 的平衡性缺失，那么 PVP 模式就是失败。
- 作为《游戏 A》系列的忠实用户，个人感觉 PVP 不是这个系列的重点。这个系列最令人兴奋的应该是海量的武器射击感、趣味恶搞十足的人物、探索地区、挑战 BOSS、收集各式各样的专属武器、突出射击和爆装备的爽快，这才是《游戏 A》独有的魅力。
- 感觉不错，为什么没有死亡时间，队友不能救，跑图太累了。希望添加。
- 装备差异很明显，技能在 PVP 中优劣很明显。个人觉得这游戏不太适合应用 PVP 模式，只要乐趣够，无须强求真实流畅完美平衡。
- 职业配合不是很强，职业的互补性弱，武器分配没有进行说明，射击手感太差，后坐力、

　　手感和单机版差太多，还有声音很生硬，特别是射击的声音，感觉都差不多，缺少必要的动画衬托气氛。

- 命中判定感觉有点奇怪，明明瞄准了却打不出伤害。在 PVE 中也有这种情况出现，其他方面同诸多 FPS 类网游相比并无太大差异。

- 跟其他传统射击游戏（战地 4、COD）相比，增加大量趣味性和可玩性，但是手感方面欠佳。

- 给我的感觉就是大家都是一股劲地死冲，没有发现什么协调性，对于装备的选择基本所有职业都只倾向于散弹或者冲锋，而没有选择自己职业所对应的武器。而且 FB（FB，就是选择一些主题地图，每个图设置一位 BOSS，玩家可以通过杀死这些 BOSS 来完成任务，获得较好的装备、技能书、金钱和声望）过于漫长，有的地图走完一张就是 10 多分钟至 20 分钟，对于一个任务来说，这样的 FB 太大。

- 服务器过卡，人物移动和 PVP 时总是卡顿，要不就是卡掉线，射击的时候也卡，导致射不准。

　　不满意 PVP "个人混战模式" 玩法的用户多数是因为没有体验到，也有部分玩家不喜欢 PVP，认为 PVP 比较枯燥，技能不平衡。如图 4-21 所示。

对游戏中的PVP "个人混战模式" 玩法满意度
第2天用户样本量（*N*=621）

■不满意　■非常满意　■比较满意

16%

21%

63%

不满意的原因

1. 用户还没有体验到，占61%；

2. 其他原因，占39%：

- PVP要的就是平衡，但是这里面职业的技能完全不平衡，所以我玩了一局就再也没玩过。
- 比较枯燥，不好找人。
- 不能体现团队合作，完全依赖职业和装备，缺乏平衡性。
- 不平衡，游戏顺畅度不够。
- 不是很喜欢PVP，我是PVE玩家。
- 不喜欢《游戏A》加入PVP模式，游戏A还是走PVE合作路线好。
- 从直播视频来看，技能非常不平衡。
- 感觉被碾压，对新人不是很友好。简易匹配不要匹配等级，最好有个PVP等级独立匹配。
- 感觉和一般射击类网游差不多，没有无主混战的刺激感。我在《游戏A》中体验了其中的一款DLC当中类似于小组联赛的模式很吸引我，我觉得PVP可以加入小队联赛，玩家们和自己的小伙伴组成一个队伍，起一个队名 在一个竞技场内，有限的弹药补给，战胜对手可提高悬赏金。
- 队友太 "坑"。

图 4-21

　　有近一半用户期待 "16V16" 人的 PVP 。如图 4-22 所示。

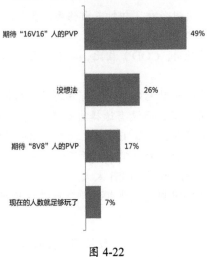

图 4-22

> 武器

25%的玩家对武器强化功能不太满意,主要因为对材料要求太高,强化效果一般。如图 4-23 所示。

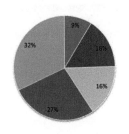

对"武器强化"功能的满意度
第3天用户样本量(N=501)

■不满意 ■非常满意 ■一般 ■没体验到 ■比较满意

不满意的原因

- 首先,强化无法自定义,只能强化系统默认的属性,但是有的情况下,例如狙击枪可能更需要稳定性或者射速来弥补一些不足,这方面希望游戏开发者能够好好研究并改进。
- 不喜欢武器强化这个设定,原作中没有,而且更喜欢武器拿来就是最强状态,否则还要费时间去强化,没这个心情。
- 做步枪的武器材料真心较难,我30级才做过2把武器,其他武器我起码能做10把,更别说做出来以后的强化了。
- 材料要求太高,成长太低。18级武器强化一下那么一点点,随便找个19级武器属性都碾压了,代价太高。
- 大众普遍对强化没好感,希望公测后不会太"坑"——没有70万游戏币,还敢玩强化。
- 加精准这些附属的属性没有用,我需要的是攻击加成或者是属性强化。
- 那个带五角星标志的NPC不理我啊,哪有武器强化?
- 前期根本就是鸡肋,升级快,武器更新换代快。建议强化要求降低一些,前期的武器基本没人强化,强化花费材料太多,而且强化后效果不理想。刚才在游戏里里,强化狙击枪加子弹数,而强化冲锋枪加精准,这不符合枪械的使用方法。
- 射击游戏,有强化可能影响平衡。还是执着于打怪刷更好的装备,类似《暗黑3》。
- 升级强化太费劲,而且强化的效果一般,还不如去拿资源制作武器划算。

图 4-23

> 装备

用户总体上认为护盾对自己很有帮助，会主动装备护盾。多数用户倾向于选择护盾值更大的护盾。如图 4-24 所示。

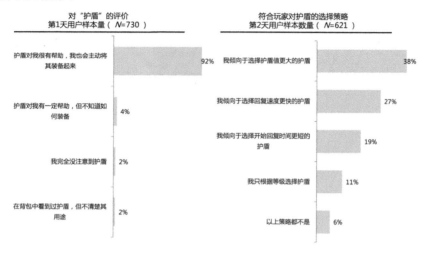

图 4-24

> 社交功能

18%的用户没有体验到好友系统，26%的用户对好友系统不太满意，主要因为好友系统功能单一，不能组队、不能交易、不能语音、互动性不够。如图 4-25 所示。

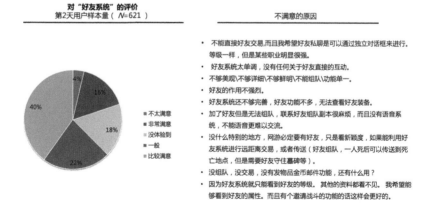

图 4-25

用户对邮件系统不满意的原因主要是因为收发邮件没有明显提示。如图 4-26 所示。

图 4-26

相较其他社交系统，用户对聊天系统的满意度最低，不满意的原因主要是因为在副本中无法聊天、不能快捷喊话、不能私聊、聊天窗口过于混乱。如图 4-27 所示。

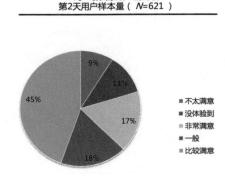

对"聊天系统"的评价
第2天用户样本量（ N=621 ）

不满意的原因

- 副本中聊天系统有问题，看不到自己打的字也看不到别人的字。
- 不能点击聊天系统上面的玩家，无法查看或者私聊。
- 不是很清楚和清晰，这个游戏的色彩是很强烈的，必须把聊天系统明确出来，最好是单独的，不要像其他网游一样，放大屏幕，就算再大，也会影响画面和交流。
- 不知道是画质还是什么原因，总觉得聊天系统看起来根本就看不清。希望字体可以放大一点。
- 队伍聊天没有用，聊天弹出内容也没有提示，而且现在不是即时刷新，沟通略有问题。
- 对话框似乎无法移动位置，经常会盖住画面。不同发言也没有明显区分，例如系统提示应该和玩家以明显的颜色区分开等。
- 聊天频道中没法选取其他玩家作为私聊对象，又没法邀请组队，加好友。
- 没有搞明白如何密语，不能用鼠标直接点击聊天窗口的名字来进行密语，随即搜寻的队友在副本里也不能使用组队说话，似乎是有bug。
- 希望能在游戏中增加快捷喊话，因为在战斗中玩家不方便打字，快捷喊话会对游戏的协作性有很大提升！这个功能官方务必实现，这也是好多游戏现在所欠缺的。

图 4-27

公会指引说明不够详细、公会系统不完善、没有公会标示、不能邀请组队、成员缺少互动性是用户不满意的主要原因。如图 4-28 所示。

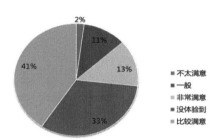

对"公会系统"的评价
第2天用户样本量（ N=621 ）

2%
11%
13%
41%
33%

■ 不太满意
■ 一般
▫ 非常满意
■ 没体验到
■ 比较满意

不满意的原因

- 除了加入了一个公会之外，我并没有感觉有什么用处，公会技能不知道是没有开发还是怎么了。
- 公会创建一定要有一定的条件，不能什么人都能创建公会。
- 没有体现出公会玩家的特点，还是各玩各的，没有互动性。
- 公会系统很多功能不知道如何使用。
- 公会系统不完善，没有公会标示，也没有声望系统之类的。
- 公会名称只能四个字，太少，公会公告只比名称多几个字。
- 公会介绍可以更详细点，方便玩家的选择。
- 可以新加个公会贡献度机制，公会仓库（放入装备获取贡献度也可以拿里面的装备，但需要贡献度），进公会有什么好处都不清楚。
- 不能邀请组队，没看到出彩的地方。
- 没有明确提示公会等级怎么升级，公会技能上面写的等级不知道是人物等级还是公会等级。
- 玩家资料名称下面不会显示公会名称，加入了公会都不知道，导致无法邀请加入公会。
- 只加了一个公会，完全没人说话，也不知道公会要做什么，最好能给玩家一些增益。

图 4-28

➢ 游戏评价与建议

用户对 RPG 和 FPS 的偏向性比例为 6∶4。如图 4-29 所示。

在今后的版本改进中应更偏向于RPG还是FPS？
第3天用户样本量（ N=501 ）

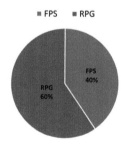

■ FPS　■ RPG

FPS
40%

RPG
60%

建议详情

➢ RPG：
- RPG 因为一直期待着能和更多的朋友一起体验合作猎杀怪物的快感没有用处。
- RPG《游戏A》游戏精髓就在于他是RPG类型的FPS，如果更偏向于FPS，那还玩什么《游戏A》。
- 还是往RPG方面发展略好一些，首先目前市面上主流FPS游戏数不胜数，如果倾向FPS，是否有足够的吸引力。其次游戏AOL在单机中就是以RPG副本和地图开拓为主流。接着，CODOL已经公测，不说他现在是否成功，但是人家起步较早，加之腾讯的宣传，与其在这方面竞争不如占领RPG市场。最后FPS游戏竞技性强也就意味着容易被外挂程序毁，看着现在的CODOL就知道，被外挂毁得差不多了，所以我宁愿选择倾向RPG。
- 《游戏A》还是倾向于RPG，才有自己的特色，应该增加剧情、过场动画，推出更多天赋体现职业特色，开放地图不仅仅只是副本突突突，在世界题图做更多的任务，让玩家一起组队。
➢ FPS：
- 应该是更偏向于FPS，但是如果在枪械制造与属性附加方面给玩家更多自定义空间，将会非常适合这款游戏，例如将枪械部件分开，枪管、瞄准镜、枪身、枪托、扳机、弹夹等，这些带有不同属性的配件由玩家自己决定如何搭配。
- 毕竟是从单机游戏延伸的，可以加大副本难度和参加游戏副本人员数量，加强职业之间的配合。
- FPS才是《游戏A》系列的灵魂，然而RPG的元素可以使这个游戏更加出彩，希望考虑我的建议。谢谢。

图 4-29

用户体验总体满意度为 59%，用户体验非常满意的人数随着体验天数而增加，开测当天服务器卡、掉线的情况较严重，用户满意度较低。如图 4-30 所示。

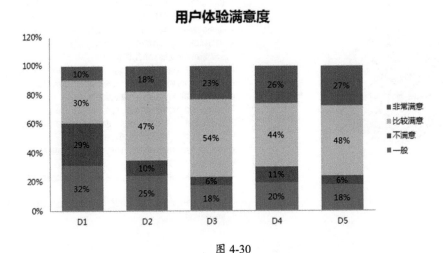

图 4-30

用户对《游戏 A》的体验不满意的比例如图 4-31 所示。

	第1天 (N=468)	第2天 (N=228)	第3天 (N=134)	第4天 (N=92)	第5天 (N=67)
bug相关	2%	4%	10%	12%	12%
画面相关	16%	11%	14%	16%	14%
服务器问题(卡、掉线等)	68%	64%	58%	51%	53%
内容、玩法相关	3%	5%	8%	10%	9%
射击手感相关	10%	16%	11%	11%	12%

图 4-31

不满意的原因如下。

（1）bug 相关：地图 bug 过多，玩到今天的副本，太多的 AI（是指怪物 AI，是怪物被赋予的人工智能，让怪物有一定的处理当前情况的能力。比如你在攻击一个怪物时，它会知道反击你）有着"变态"伤害，随便两下就"挂"了，经常匹配不到队友。

（2）画面相关：画面非常不流畅，画面太差，分辨率最高时精细度还是很低，帧数太低，没有手感。

（3）服务器问题：太卡了，登录卡、副本卡，第 2 个副本就进不去了，只能退出，所以根本没怎么好好体验过。

（4）内容、玩法相关：

● 与二代前传相差太多，副本体验太单一。

● 感觉有些疲倦，没什么太大新意，就是不停地刷本，怪物都差不多，好无聊，PVP 更没劲，非常卡。

- FB 过于枯燥，怪物太单一，枪械更新太快，淘汰率太高，经常出现卡顿现象，FB 经常出现 bug，职业不平衡。
- 内容单一无新意，副本重复，枪械等提升幅度太大，4~5 级属性就翻倍了。

（5）射击相关：

- 手感不好。虽然枪械多但是其手感都一样，没有单机版中各种枪手感上的区别，比如射速、弹道等都大致相同；射击大多只能站定射击，移动中不好瞄准，和怪物周旋瞄不到怪物身上。
- 射击感较差。不知是否是设置问题，看不见弹道，感觉是空气枪。

➢ 推荐意愿

93%的用户愿意将《游戏 A》推荐给朋友。如图 4-32 所示。

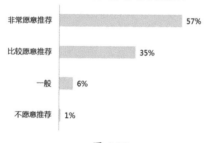

图 4-32

4.1.6　分析结论

用户属性：99%的用户为男性，80 后为主，上班族和学生的比例相当。

用户初体验评价：因测试期间服务器问题（卡、掉线等）严重，73%的用户认为本次体验感受一般，没有达到预期。

上手难度：整体认为没有太大难度，重度用户认为游戏的上手难度明显低于中—轻度和潜在用户认为的上手难度。

画面：用户对画面流畅度最不满意，对明亮度最满意。表示画面的帧数太低，导致整个体验非常卡。有潜在用户表示因视角不能转换、画质不好，玩久了会头晕。

职业：职业 A 是最受欢迎的职业，职业的战斗特点是玩家选择职业的首要考虑因素。多数玩家认为职业 B 过强。

新手引导：15%的用户认为新手引导不清晰，表示引导提示不够明显，对新手玩家非常不友好，可以借鉴单机游戏中无主的新手指引。相对来说，用户对"如何在战斗中蹲下、如何使用近身攻击"的操作掌握程度不够。

地图系统：约 45%的玩家曾在地图中迷路或不知道如何打开大地图。玩家表示地图太过狭小单调，无法自由探索。

射击体验：仅 27%的用户认为射击体验非常好。用户认为机瞄反应太慢，没有弹道等射击反馈效果，射击手感、后坐力等非常僵硬。

技能：用户在战斗中使用技能的比例并不高（超过一半），主要认为职业技能在战斗中体现不出明显的效果。

副本：50%的用户认为副本趣味性一般，没有什么乐趣。29%的用户不满意副本组队机制，主要因为副本过于简单，没有激情，怪物太少，AI 太差，玩家之间缺少配合，不能主动组队，没有队伍招募。

怪物：6%的用户对怪物的印象很差。主要认为怪物单一、AI 智商低、精度差。在怪物的各项描述评价中，对"怪物智能程度高"表示不认同的比例较高。

PVP：18%的用户不太满意目前 PVP 拉平机制，主要因为拉平机制做不到完全公平。近一半用户期待"16V16"人的 PVP 。

武器：25%的玩家对武器强化功能不太满意，主要因为对材料要求太高，强化效果一般。

装备：用户总体上认为护盾对自己很有帮助，会主动装备护盾。多数用户倾向于选择护盾值更大的护盾。

社交功能：18%的用户没有体验到好友系统，26%的用户对好友系统不太满意。相较其他社交系统，用户对聊天系统的满意度最低，不满意的原因主要因为在副本中无法聊天、不能快捷喊话、不能私聊、聊天窗口过于混乱。

游戏评价与建议：用户体验总体满意度为 59%，服务器不稳定是用户不满意的主要原因，占59%，其次是游戏画面、画质不好，射击体验手感不好，内容不够丰富、玩法较为单一，分别占14%、12%、7%。

推荐意愿：93%的用户愿意将该游戏推荐给朋友。

不同类型的用户对该游戏各个类别的评价如图 4-33 所示。

类别	详细内容	重度用户 (N=538)		中—轻度用户 (N=138)		潜在用户 (N=47)	
用户年龄	25岁以上用户比例	35%		26%		24%	
上手难度	认为有难度的用户比例	2%		2%		10%	
画面与画风	画面流畅度满意度	33%		34%		39%	
职业	职业分布	各职业分布比例大体一致，无明显差异					
新手引导	认为引导不清的用户比例	12%		21%		20%	
射击体验	认为射击非常好的用户比例	28%		27%		20%	
技能	技能点，技能数	重、中轻度用户在副本中的使用技能的频次和意愿更高，且对整个技能树体系更加了解其含义和作用，潜在用户对各条线的技能树的理解要低于前两者					
副本	认为副本趣味性一般、没有什么乐趣的用户比例	50%		54%		37%	
怪物	对怪物的看法	主要认为怪物智能程度不高		同重度用户		主要认为怪物种类不够丰富	
PVP	PVP的职业配合满意度	52%		53%		48%	
武器		重度用户对武器打造、熔炼的需求和意愿高于中-轻度用户和潜在用户					
装备	武器打造生成的武器满意度	66%		58%		56%	
游戏创新新颖度	游戏新颖度	74%		69%		60%	
继续体验游戏意愿	继续体验游戏意愿度	87%		82%		81%	

图 4-33

4.1.7　小结

以上案例的用户调查分析，几乎涵盖了该游戏所有的内容，发现了许多用户在玩游戏时遇到的问题，同时也了解到用户的主观感受。比如新手引导不够清晰，用户对"如何在战斗中蹲下、如何使用近身攻击"的操作掌握程度不够，约 45%的玩家曾在地图中迷路或不知道如何打开大地图；射击体验效果不好，用户认为机瞄反应太慢，没有弹道等射击反馈效果，射击手感、后坐力等感觉非常僵硬；认为副本趣味性一般，主要因为副本过于简单，没有激情，怪物太少，AI 太差，玩家之间缺少配合，不能主动组队，没有队伍招募；对社交系统不满意的原因主要因为在副本中无法聊天、不能快捷喊话、不能私聊、聊天窗口过于混乱，等等。

这份报告给研发部门做下一个版本的升级提供了很好的数据依据。

4.2　案例：渠道用户质量分析

目前游戏市场上大大小小的渠道和平台加起来超过 100 个，每一家渠道的用户属性不完全相同，游戏公测后，不是所有渠道都需要全部接入。在游戏封测期，一般会接入几个主要渠道进行测试，有些渠道用户质量好，有些渠道用户质量差，好的渠道可能是用户类型和游戏用户的契合度较高，若能对渠道数据进行综合排名，评估渠道质量，帮助筛选渠道，比如发行商根据自己的公司策略和产品特点选择重点合作的渠道，能获取到更多的有效用户，让产品的收益最大化。

4.2.1　渠道分类

在分析渠道用户质量之前，我们先了解手游渠道的类别。手游渠道按平台可分为两大类：iOS 和 Android。按合作方式，可分为联运和 CPS。

联运，即手游发行公司和手游渠道联合运营一款游戏，手游发行公司提供产品、运营和客服，手游渠道提供用户，手游发行公司需要接入渠道方的 SDK（Softovare Development Kit，软件开发工具包）才能上线运营，双方按照分成比例进行分成。因为接入了渠道的 SDK，所以数据后台用的是渠道方的，结算时是渠道付给发行公司。

CPS 即按照游戏收益和渠道进行分成。虽然 CPS 和联运都是按照收益进行分成，但区别在于，CPS 不需要接入渠道的 SDK，用的是 CP（Content Provider，内容提供商，这里指游戏开发公司）方的数据统计后台，结算时是 CP 方付给渠道，而联运则是渠道付给 CP。CPS 的优势是不需要接入 SDK 就可以上线，可以快速合作。联运的优势则是深度合作，联运的渠道可以给一些深度的推广资源。

是否联运取决于这些渠道有没有自己的 SDK，如果渠道没有自己的 SDK，那么只能按 CPS 方式合作，大部分 CPS 渠道后面都会转成联运，由于目前大多数游戏公司和渠道的合作方式基本都是联运，故没有整理 CPS 渠道。如图 4-34 所示。

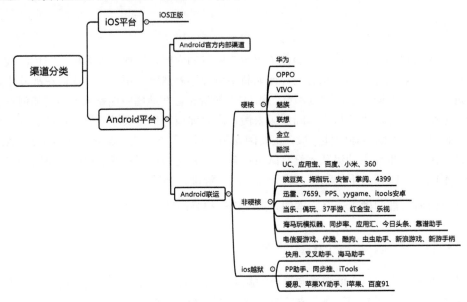

图 4-34

说明：考虑到硬核渠道用户量在 Android 渠道中占比较高，且以上 7 个手机制造商均为硬核联盟成员，因此将硬核单独列为一类，以上渠道顺序排名不分先后。

4.2.2 分析方法概述

主要采用对比分析、结构分析和综合评价分析法，对比不同渠道用户的各项数据指标，从而评估各个渠道的用户质量。

综合评价分析法主要有 5 个步骤：

（1）确定综合评价指标体系。本次案例分析的指标有：导入量、收入、付费率、ARPPU、ARPU 和第 7 天加权留存率。

（2）搜集数据，并对不同计量单位的指标数据进行标准化处理。

- 数据标准化也就是统计数据的指数化，其主要功能就是消除变量间的量纲关系，从而使数据具有可比性。我们计算渠道的综合得分不能直接将各项指标直接相加，因为收入和付费率等指标的单位不同，并且数据范围相差太大，直接相加没有任何意义。因此需要对数据进行标准化，做无量纲的处理。
- 数据标准化的方法有很多种，常用的有"Min-max 标准化""Z-score 标准化"和"按小数定标标准化"等。本案例采用"Z-score 标准化"。
- Z-score 标准化，是一个分数与平均数的差再除以标准差的过程。用公式表示为：$z=(x-\mu)/\sigma$。其中 x 为某一项数据，μ 为平均数，σ 为标准差。

（3）确定指标体系中各指标的权重，保证评价的科学性。

- 权重是一个相对的概念，针对某一指标而言，某一指标的权重是指该指标在整体评价中的相对重要程度。
- 确定指标属性权重的方法主要有两大类：主观赋权法和客观赋权法。
- 主观赋权法是根据研究目的和评价指标的内涵状况，主观地分析、判断各个指标重要程度的权数，如专家调查法、层次分析法、二项系数法。
- 客观赋权法是与主观赋权法相对而言的，是根据指标的原始数据，通过数学或者统计方法处理后获得权重。如最大离差权数法、标准差权数法、标准差系数权重法。

到底是用主观赋权还是客观赋权？

如果各个指标间存在明显的人为喜好、业务经验上显然是某指标更重要等，用主观赋权法更加合适、简便，但主观赋权法的问题在于客观性较差。反之，各指标之间不存在哪个更重要，或评分不包含人为喜好或者经验上的重要性，用客观赋权法就避免了主观赋权法的弊端。

本次案例用到的方法是客观赋权法的标准差系数权重法。

（4）对经过处理后的指标进行汇总。

（5）计算综合评价指数，并得出结论。

4.2.3　数据来源

来自公司官方的 SDK 数据和游戏内数据，公司官方的 SDK 数据包含渠道名称、渠道类型、官方平台账号，游戏内数据包含官方平台账号、游戏账号、登录时间、付费账号、付费金额。

4.2.4　分析案例

1. 分析平台和渠道类型的导入量和收入

某款手游在公测前最后一次接渠道付费测试，共接入 20 个渠道。

我们先按各渠道类型看下用户导入量和收入构成，对各类型的渠道数据有一个整体的了解。

如图 4-35 和图 4-36 所示可以看出：

（1）iOS 和 Android 平台的用户占比为 25∶75，收入占比为 47∶53，说明 iOS 平台的用户付费能力较强。

（2）在 Android 平台中，Android 官方内部渠道、iOS 越狱渠道的用户质量相对较高，其收入占比大于导入量占比。

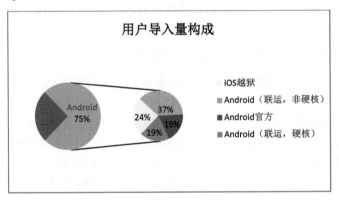

图 4-35

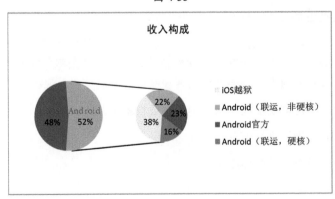

图 4-36

2. 渠道综合排名评估

再根据各项指标对各个渠道进行排名，从而了解各个渠道的用户质量。

渠道排名采用综合评价分析法，共有 5 个步骤：

（1）确定评价的指标

根据来源数据，统计各个渠道的导入量、收入、付费率、ARPPU、ARPU 和第 7 日加权留存率数据，定义这 6 个数据为评价的指标，各渠道基础数据结果如表 4-6 所示。

表 4-6

渠道类型	渠道名称	导入量（万）	收入（万元）	付费率	ARPPU	ARPU	第 7 日加权留存率
Android（官方）	官方渠道	200	10 526	13%	411	53	20%
iOS 官方	iOS	190	4 730	19%	130	25	25%
iOS 越狱	快用（新）	80	7 171	15%	614	90	16%
iOS 越狱	叉叉助手	70	7 802	17%	644	111	16%
Android（联运、非硬核）	UC	180	2 159	14%	89	12	18%
iOS 越狱	PP 助手	150	2 587	12%	143	17	18%
iOS 越狱	同步推	100	2 254	13%	171	23	19%
iOS 越狱	海马助手	120	3 017	7%	381	25	16%
Android（联运、非硬核）	360	140	2 019	14%	107	14	24%
iOS 越狱	iTools	60	1 957	16%	209	33	15%
Android（联运、非硬核）	偶玩	10	2 307	18%	1267	231	21%
Android（联运、非硬核）	应用宝	170	1 810	9%	125	11	18%
Android（联运、非硬核）	小米	160	1 608	13%	77	10	19%
Android（联运、硬核）	华为	90	1 582	12%	153	18	17%
iOS 越狱	爱思	110	1 213	10%	108	11	15%
Android（联运、非硬核）	当乐	50	933	11%	164	19	18%
Android（联运、非硬核）	37 手游	40	909	9%	267	23	15%
iOS 越狱	苹果 XY 助手	130	873	8%	87	7	18%
iOS 越狱	i 苹果	30	757	11%	221	25	20%
Android（联运、非硬核）	红金宝	20	518	18%	141	26	20%

（2）对指标数据进行标准化处理

在 4.2.2 节分析方法概述中提到 Z-score 标准化的公式为：$z=(x-\mu)/\sigma$。其中 x 为某一项数据，μ 为平均数，σ 为标准差。

以官方渠道为例，将导入量指标进行标准化（计算标准分）的结果如下。

导入量：x=200；

所有渠道导入量均值：μ=105；

所有渠道导入量的标准差：σ=59.16；

官方渠道导入量的标准化：z=(x–μ)/σ=（200–105）/59.16=1.6。

通过以上的公式，对指标数据进行标准化处理的结果如表 4-7 所示。

表 4-7

渠道类型	渠道名称	导入量（万）	收入（万元）	付费率	ARPPU	ARPU	第 7 日加权留存率
Android（官方）	官方渠道	1.6	2.9	0.0	0.5	0.3	0.6
iOS 官方	iOS	1.4	0.7	1.7	–0.5	–0.3	2.4
iOS 越狱	快用（新）	–0.4	1.6	0.5	1.2	1.0	–0.9
iOS 越狱	叉叉助手	–0.6	1.9	1.2	1.3	1.4	–0.9
Android（联运、非硬核）	UC	1.3	–0.3	0.2	–0.7	–0.5	–0.1
iOS 越狱	PP 助手	0.8	–0.1	–0.2	–0.5	–0.4	–0.1
iOS 越狱	同步推	–0.1	–0.2	0.1	–0.4	–0.3	0.2
iOS 越狱	海马助手	0.3	0.1	–1.7	0.4	–0.3	–0.9
Android（联运、非硬核）	360	0.6	–0.3	0.2	–0.6	–0.5	2.0
iOS 越狱	iTools	–0.8	–0.3	0.8	–0.2	–0.1	–1.2
Android（联运、非硬核）	偶玩	–1.6	–0.2	1.5	3.5	3.7	0.9
Android（联运、非硬核）	应用宝	1.1	–0.4	–1.2	–0.5	–0.5	–0.1
Android（联运、非硬核）	小米	0.9	–0.5	0.1	–0.7	–0.6	0.2
Android（联运、硬核）	华为	–0.3	–0.5	–0.4	–0.4	–0.4	–0.5
iOS 越狱	爱思	0.1	–0.6	–0.7	–0.6	–0.5	–1.2
Android（联运、非硬核）	当乐	–0.9	–0.7	–0.4	–0.4	–0.4	–0.1
Android（联运、非硬核）	37 手游	–1.1	–0.7	–1.2	0.0	–0.3	–1.2
iOS 越狱	苹果 XY 助手	0.4	–0.7	–1.4	–0.7	–0.6	–0.1
iOS 越狱	i 苹果	–1.3	–0.8	–0.4	–0.2	–0.3	0.6
Android（联运、非硬核）	红金宝	–1.4	–0.9	1.5	–0.5	–0.3	0.6

以上标准分的数字比较小且比较接近，为了便于比较，调整数据的范围，将每个分数 "×100+100"，得出的结果比表 4-7 的数字看上去更直观，如表 4-8 所示。

表 4-8

渠道类型	渠道名称	导入量（万）	收入（万元）	付费率	ARPPU	ARPU	第 7 日加权留存率
Android（官方）	官方渠道	261	387	98	147	126	158
iOS 官方	iOS	244	171	273	49	73	339
iOS 越狱	快用（新）	58	262	148	218	196	13
iOS 越狱	叉叉助手	41	285	223	229	238	13
Android（联运、非硬核）	UC	227	75	118	35	48	86
iOS 越狱	PP 助手	176	91	79	54	58	86

续表

渠道类型	渠道名称	导入量（万）	收入（万元）	付费率	ARPPU	ARPU	第 7 日加权留存率
iOS 越狱	同步推	92	78	109	63	68	122
iOS 越狱	海马助手	125	107	−74	137	73	13
Android（联运、非硬核）	360	159	69	118	41	53	303
iOS 越狱	iTools	24	67	176	77	88	−23
Android（联运、非硬核）	偶玩	-61	80	248	447	465	194
Android（联运、非硬核）	应用宝	210	62	−21	48	46	86
Android（联运、非硬核）	小米	193	54	107	31	45	122
Android（联运、硬核）	华为	75	53	62	57	59	49
iOS 越狱	爱思	108	39	26	42	46	−23
Android（联运、非硬核）	当乐	7	29	60	61	61	86
Android（联运、非硬核）	37 手游	−10	28	−21	97	69	−23
iOS 越狱	苹果 XY 助手	142	27	−43	34	38	86
iOS 越狱	i 苹果	−27	22	60	81	74	158
Android（联运、非硬核）	红金宝	−44	13	254	53	75	158

（3）确定各指标权重

本次案例采用客观赋权法的标准差系数权重法来确定各个指标的权重。

计算过程如下：

① 先根据各个渠道的指标数据，分别计算这些渠道每个指标的平均数和标准差；

② 根据均值和标准差计算标准差系数，也叫离散系数，就是用标准差除以平均数的结果。算得这些渠道的导入量的离散系数为 0.56，其他以此类推。

③ 计算各指标权数：等于各指标的离散系数除以所有指标的离散系数之和。

经过以上三步的计算得出各项指标的权重为：

导入量权重=13%

收入权重=22%

付费率权重=6%

ARPPU 权重=24%

ARPU 权重=31%

第 7 日加权留存率权重=3%

基于表 4-8 的数据，计算构成评价指标体系的这 6 个指标的权重，如表 4-9 所示。

表4-9

	导入量（万）	收入（万元）	付费率	ARPPU	ARPU	第7日加权留存率
均值	105.00	2 836.65	0.13	275.48	39.09	0.18
标准差	59.16	2 679.73	0.04	286.13	52.42	0.03
标准差系数	0.56	0.94	0.28	1.04	1.34	0.15
权重	13.05%	21.88%	6.49%	24.05%	31.05%	3.47%

（4）汇总计算出综合评价值

将各个指标的权重代入计算，得出各个渠道的综合评价值，如表4-10所示。

表4-10

渠道类型	渠道名称	导入量（万）	收入（万元）	付费率	ARPPU	ARPU	第7日加权留存率	综合评分
Android（官方）	官方渠道	34.0	50.5	21.5	9.6	4.4	38.0	157.9
iOS官方	iOS	31.8	22.3	59.7	3.2	2.5	81.6	201.1
iOS越狱	快用（新）	7.5	34.2	32.4	14.2	6.8	3.1	98.3
iOS越狱	叉叉助手	5.3	37.2	48.8	14.9	8.3	3.1	117.6
Android（联运、非硬核）	UC	29.6	9.7	25.8	2.3	1.7	20.6	89.6
iOS越狱	PP助手	23.0	11.8	17.3	3.5	2.0	20.6	78.1
iOS越狱	同步推	11.9	10.2	23.9	4.1	2.4	29.3	81.9
iOS越狱	海马助手	16.4	13.9	−16.1	8.9	2.6	3.1	28.8
Android（联运、非硬核）	360	20.8	9.1	25.8	2.7	1.8	72.8	132.9
iOS越狱	iTools	3.1	8.8	38.5	5.0	3.0	−5.6	52.9
Android（联运、非硬核）	偶玩	−7.9	10.5	54.3	29.0	16.2	46.7	148.7
Android（联运、非硬核）	应用宝	27.4	8.0	−4.6	3.1	1.6	20.6	56.1
Android（联运、非硬核）	小米	25.2	7.1	23.3	2.0	1.5	29.3	88.4
Android（联运、硬核）	华为	9.7	6.9	13.6	3.7	2.0	11.9	47.9
iOS越狱	爱思	14.2	5.1	5.7	2.7	1.6	−5.6	23.8
Android（联运、非硬核）	当乐	0.9	3.8	13.0	4.0	2.1	20.6	44.4
Android（联运、非硬核）	37手游	−1.3	3.7	−4.6	6.3	2.4	−5.6	0.9
iOS越狱	苹果XY助手	18.6	3.5	−9.4	2.2	1.3	20.6	36.7
iOS越狱	i苹果	−3.5	2.9	13.0	5.3	2.6	38.0	58.3
Android（联运、非硬核）	红金宝	−5.7	1.8	55.5	3.4	2.6	38.0	95.6

（5）汇总计算出综合排名

将各个指标和综合评价值进行降序排序，得出各个渠道各项指标及综合排名，如表4-11所示。

表 4-11

渠道类型	渠道名称	导入量排名	收入排名	付费率排名	ARPPU排名	ARPU排名	第7日加权留存率排名	综合评分排名
Android（官方）	官方渠道	1	1	11	4	4	4	2
iOS 官方	iOS	2	4	1	14	9	1	1
iOS 越狱	快用（新）	13	3	6	3	3	16	6
iOS 越狱	叉叉助手	14	2	4	2	2	15	5
Android（联运、非硬核）	UC	3	9	7	18	16	11	8
iOS 越狱	PP 助手	6	6	12	12	14	10	11
iOS 越狱	同步推	11	8	9	9	11	7	10
iOS 越狱	海马助手	9	5	20	5	8	17	18
Android（联运、非硬核）	360	7	10	8	17	15	2	4
iOS 越狱	iTools	15	11	5	8	5	18	14
Android（联运、非硬核）	偶玩	20	7	3	1	1	3	3
Android（联运、非硬核）	应用宝	4	12	17	15	18	12	13
Android（联运、非硬核）	小米	5	13	10	20	19	8	9
Android（联运、硬核）	华为	12	14	13	11	13	14	15
iOS 越狱	爱思	10	15	16	16	17	20	19
Android（联运、非硬核）	当乐	16	16	14	10	12	9	16
Android（联运、非硬核）	37 手游	17	17	18	6	10	19	20
iOS 越狱	苹果 XY 助手	8	18	19	19	20	13	17
iOS 越狱	i 苹果	18	19	15	7	7	6	12
Android（联运、非硬核）	红金宝	19	20	2	13	6	5	7

　　说明：以上排名仅代表某一款游戏在某个节点的情况，不同渠道的用户群体不一样，在不同游戏中的表现也不一样。仅供参考。

　　综合排名 TOP5 的渠道为 iOS 官方、Android 官方、偶玩、360 和叉叉助手。越狱渠道在本款游戏中表现抢眼，叉叉助手超过 UC 和应用宝等大渠道。

- iOS 越狱渠道中，偶玩的综合排名第一，因为其付费率、ARPPU 和 ARPU 较高，排名均为第一；
- 在 Android 联运、非硬核渠道中，360 的综合排名第一，UC 紧随其后。

3. 分析结论

通过以上分析得出如下结论：

- iOS 用户质量较高，25%的用户贡献了近 50%的收入。
- 在 Android 平台中，Android 官方内部渠道、iOS 越狱渠道的用户质量相对较高，其收入占比高于用户导入量占比。

- 综合排名 TOP5 的渠道：iOS 官方、Android 官方、偶玩、360 和叉叉助手。越狱渠道在本款游戏中表现抢眼，快用和叉叉助手超过 UC 和应用宝等大渠道。
- 本次的手机硬核渠道只接入华为手机，表现较为一般，综合排名第 15 名。
- 在 Android 渠道中，偶玩的综合排名为第 1 名，尽管导入量较少，但 ARPPU 和 ARPU 最高，综合排名为第 3 名，说明大 R 用户的比例较高。另外，红金宝渠道表现突出，综合排名为第 7 名。

4.2.5 小结

以上案例表明越狱渠道用户和该游戏契合度较高。同时，我们了解到了不同渠道的用户质量差异，比如某渠道的用户导入量高，某渠道的用户付费率高，某渠道的用户留存率高，某渠道的综合排名高。我们甚至可以以此来推出不同渠道用户群体的特征，并判断是否可以去做一些差异化的运营，也为游戏正式公测后的渠道合作提供了有效的数据依据。

4.3 案例：客户端大小对用户转化率的影响

用户从点击广告素材到进入游戏的过程中，比较各个环节的转化率能反映出与游戏相关的问题，可能和品牌认知、口碑效应、广告素材受欢迎度、游戏兼容性及游戏 bug 有关，也可能和客户端大小有关。下面以某款游戏为例，分析用户从点击广告到进入游戏付费的每一步转化情况，并通过数据对比发现存在的问题，供游戏的发行、运营及研发人员参考，为市场推广、版本修改提供数据依据。

4.3.1 分析方法概述

主要采用对比分析、结构分析和漏斗分析法，对比同一游戏的不同版本客户端大小的用户转化率数据，以及不同游戏客户端的用户转化率数据，从而得到不同客户端大小对用户转化率的影响。

主要分析指标：

（1）曝光→点击转化率：渠道带来的新增用户总量。

（2）收入：渠道带来的用户在游戏中的充值金额。

（3）付费率、ARPU、ARPPU 和 7 日累计加强留存率，详细定义请见第 2 章。

4.3.2 数据来源

来自公司官方渠道的 SDK 数据和游戏内数据，公司官方渠道的 SDK 数据包含渠道名称、渠道类型、官方平台账号，游戏内数据包含官方平台账号、游戏账号、登录时间。

4.3.3 客户端大小对用户"下载→激活→注册→进入游戏→充值"的影响

《游戏 A》经历三次封测，三次封测的客户端版本均有更新。其中，CBT1（CBT，Close Beta Test，游戏对外封闭测试）的客户端显示大小为 400MB，安装后显示的大小为 800MB；CBT2 的客户端显示大小为 800MB，安装后显示的大小为 800MB；CBT3 客户端显示大小为 400MB，安装后显示的大小为 1GB。我们通过这三次测试的数据，来分析客户端大小对用户转化的影响。

如表 4-12 和图 4-37 所示可见：客户端下载显示的包体越大，"下载→激活"的转化率越低，CBT2 显示的包体最大，转化率最低，仅为 53%；客户端安装完后所占用的空间越大，"下载→进入游戏"的转化率越低，CBT3 安装后的空间最大，转化率最低，仅为 34%。

表 4-12

转化率	CBT1	CBT2（付费测试）	CBT3（付费测试）
客户端大小	CBT1：下载显示 400MB 安装后 800MB	CBT2：下载显示 800MB 安装后 800MB	CBT3：下载显示 400MB 安装后 1GB
下载→激活	84%	53%	60%
下载→注册	77%	46%	44%
下载→进入游戏	76%	44%	34%
下载→充值		6%	3%

说明：激活是指安装好客户端后联网打开客户端。

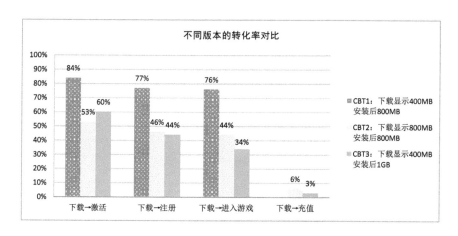

图 4-37

图 4-38 展示了《游戏 A》CBT3 客户端版本，用户从下载游戏到付费的每个环节的转化率。可以看出，"下载→激活"的环节是产生用户丢失的主要环节。

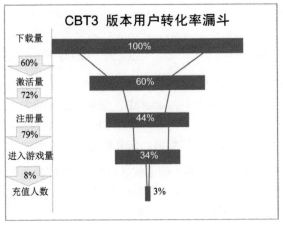

图 4-38

4.3.4 客户端大小对用户"广告曝光→点击→下载→注册"的转化率影响

《游戏 A》CBT3 客户端下载显示 400MB，安装后大小为 1GB，并接入应用宝渠道，用户在该渠道从点击到付费的转化率仅为 0.5%。从广告曝光到注册的转化率仅为 0.3%，其转化率是其他游戏平均水平的一半，是《游戏 B》的四分之一。《游戏 B》拥有著名影视 IP，IP 知名度高于《游戏 A》，且客户端大小低于 400MB，客户端大小小于《游戏 A》。如图 4-39 所示是详细对比数据。

游戏名称	曝光→点击	点击→下载	下载→注册	曝光→注册
游戏A	3.1%	30.4%	33.9%	0.3%
其他游戏平均值	3.6%	38.7%	41.7%	0.6%
游戏B	6.5%	39.5%	56.3%	1.4%
游戏A－其他游戏均值	-0.5%	-8.3%	-7.8%	-0.3%
游戏A－游戏B	-3.3%	-9.1%	-22.4%	-1.1%

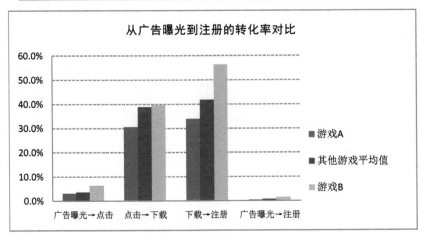

图 4-39

从这些数据可以得出，IP 对"广告曝光→点击"的转化率影响较大，IP 影响力越大，"广告曝光→点击"的转化率越高。

如图 4-40 所示是《游戏 A》应用宝渠道的用户"点击→付费"的转化漏斗图，可以看出，仅有三分之一的用户点击了游戏广告后下载了游戏，"点击→付费"的转化率仅 0.5%。说明 1GB 及以上的客户端，一定程度上浪费了游戏广告资源。

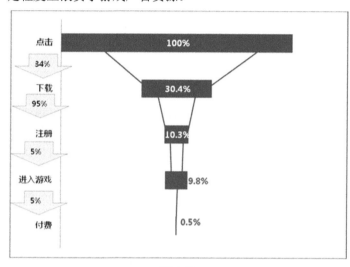

图 4-40

4.3.5 分析结论

通过以上分析得出结论：

- 客户端下载显示的包体越大，"下载→激活"的转化率越低；客户端安装完后所占用的空间越大，"下载→进入游戏"的转化率越低。
- IP 对"广告曝光→点击"的转化率影响较大，IP 影响力越大，"广告曝光→点击"的转化率越高。
- 1GB 及以上的客户端，一定程度上浪费了游戏的广告资源。

4.3.6 小结

以上通过一款游戏三个版本不同客户端大小、不同游戏不同客户端大小的用户转化率对比，得出了客户端大小对用户转化率的影响，了解到用户转化率低的原因，也为研发人员对版本改进提供了数据依据，若能在公测前对版本进行优化，缩小客户端所占空间，提高用户转化率，则在公测后能避免造成资源浪费，从而提高收益。

若收集到不同游戏类型的不同客户端大小的用户转化率数据，则能够得出不同游戏类型的不同客户端大小区间对用户转化率影响，排除游戏其他异常原因，样本量越多，其结论更准确。

4.4　游戏公测前期收入、活跃预测

为什么要做好游戏公测前期的收入、活跃预测，主要是为了使产品在正式上线之前能够对资源进行把控。投入的费用是否能够收回成本，要多久才能收回成本，每天的活跃人数怎样，每天的付费人数能有多少，在保持现有运营活动节奏的前提下，每天能够产生多少流水，这都是运营人员要关心的问题。

4.4.1　收入、活跃预测框架

在移动游戏正式公测前，都要进行多轮的渠道测试，我们可以通过测试数据建立预测模型。在一定的投放资源下，通过预测模型来预测公测后游戏的整体表现，确定该游戏是否值得投入。就预测来讲，目前模型的预测误差率基本上可以控制在 10%左右。游戏确认正式上线后，模拟出来的数据可以帮助运营团队跟踪用户的数据表现，在什么样的节点进行收入类活动投放，在什么样的节点进行活跃类活动投放，在确保收入完成的情况下，游戏内的生态能够保持得更好。关于游戏的收入活跃预测框架如图 4-41 所示。

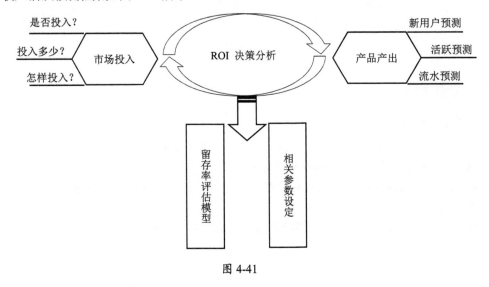

图 4-41

4.4.2　留存率预估模型

在收入、活跃预测基本步骤中，最核心的就是根据封测期间的短期留存率建立的长期留存率预估模型，该模型的精度将在很大程度上影响整体预测误差。在留存率预估模型确定后，根据市场投放资金、广告投放策略、用户成本，我们可以粗略估算每天进入的用户量。通过留存率预估模型可以计算每日留存用户，加上新进用户，即可得到每日活跃用户。最后根据封测期间的付费率、ARPPU 等指标数据，即可得到每日流水预测。具体步骤如图 4-42 所示。

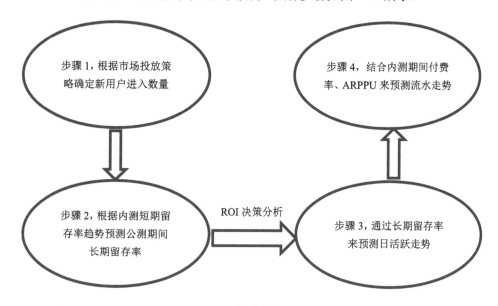

图 4-42

留存率预估模型在活跃、流水预测中至关重要，有很多模型都可以进行留存率预估，比如回归分析预测、平滑型指数预测、幂函数拟合模型等，笔者根据多年经验建议采用幂函数拟合模型（b 值越大，说明留存率越好，如图 4-43 所示），无数次数据实验证明该模型的拟合度更高。

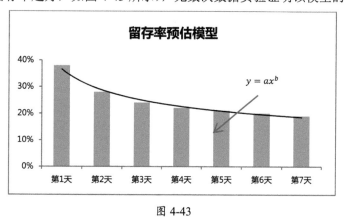

图 4-43

4.4.3　案例：《全民×××》游戏实例分析

《全民×××》是某移动游戏公司推出的一款体育类动作卡牌游戏，近期准备正式上线，上线前在 iTools 上准备进行封闭式测试，我们可以利用 iTools 内测前 7 天留存率数据（见图 4-44）来推断未来 30 天留存率的数据表现，以验证留存率预估模型的有效性，这里我们采取平均值的形式，也可以采取位于上下四分位数区间的平均值、中位数等形式（一般封测第 1 天次日留存率较高，而公测第 1 天次日留存率较低）。

日　　期	第1天	第2天	第3天	第4天	第5天	第6天	第7天
2014-12-23	39%	27%	22%	19%	16%	15%	15%
2014-12-24	32%	20%	16%	12%	12%	11%	10%
2014-12-25	29%	19%	15%	14%	12%	11%	10%
2014-12-26	27%	19%	14%	11%	11%	9%	9%
2014-12-27	26%	13%	11%	11%	10%	9%	8%
2014-12-28	27%	19%	14%	12%	14%	11%	8%
2014-12-29	26%	16%	13%	11%	10%	9%	7%
平　均　值	29%	19%	15%	13%	12%	11%	10%

图 4-44

　　利用 iTools 内测前 7 日留存率平均值拟合出留存率模型（见图 4-45），该留存率拟合模型可以直接在 Excel 中进行操作，在图形中选择添加趋势线，再选择幂，勾选显示公式，即可得到拟合公式。

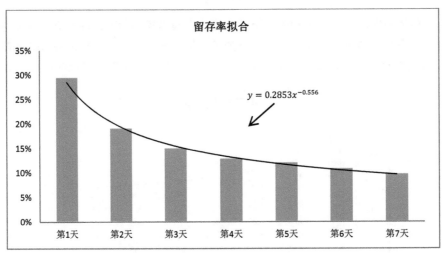

图 4-45

　　通过幂函数公式，可以得到近 30 天的留存率曲线。将预测 iTools 留存率数据与实际 iTools 留存率数据比较，我们可以看到实际误差很小，吻合度较高，如图 4-46 所示。

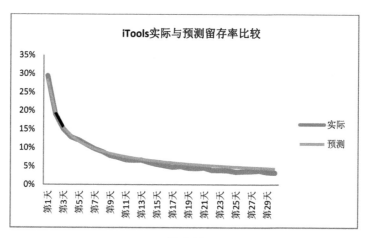

图 4-46

在留存率公式取得以后，我们可以计算日活跃。日活跃的计算非常简单，基本公式：日活跃=当日新增+前 1 日留存+前 2 日留存+……+前 n 日留存，例如 9 月 30 日的活跃=9 月 30 日的新增+9 月 29 日的 1 日留存+9 月 28 日的 2 日留存+9 月 27 日的 3 日留存+……+8 月 31 日的 30 日留存。这里我们暂且取 30 天留存率估算，至于到底要取多久的留存率，具体要视该游戏的用户生命周期而定。

通过公式计算，我们可以将预测 iTools 日活跃与实际 iTools 日活跃进行比较（见图 4-47），实际日均活跃 1450 人，预测日活跃人 1442 人。

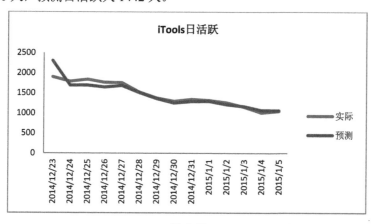

图 4-47

有了每日活跃，日流水的计算方式更为简单，根据封测期间的付费率、ARPPU，即日流水=日活跃×付费率×ARPPU。根据封测付费率 2.5%，ARPPU 为 85 测算，可以预测 iTools 日流水，并与实际 iTools 日流水进行比较（见图 4-48），预测日均流水为 3064 元，实际日均流水为 3210 元。

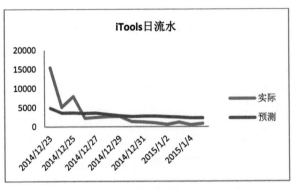

图 4-48

下面我们利用 iTools 封测数据建立的模型，对即将公测的游戏表现进行预测，导量按照市场预算，可初步预估每日新增。利用新增及模型预测 iOS 公测日活跃，并与实际 iOS 日活跃进行比较（见图 4-49），实际日均活跃为 15685 人，预测日均活跃为 15317 人。

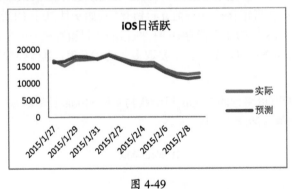

图 4-49

由于公测期间运营活动力度与封测期间存在一定的差异，所以付费率与 ARPPU 适当的提高，在此我们按付费率 4.4%、ARPPU 值为 135 测算，预测日均流水为 90983 元，实际日均流水为 97658 元，如图 4-50 所示。

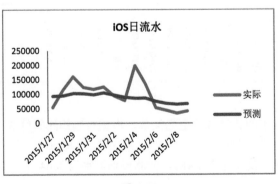

图 4-50

4.4.4 项目成功要素和需要面临问题

- 在新用户的进入数量方面，要分析判断固定进入量与自然流量（主要是针对硬广投放）的关系，根据市场投放节点，有序评估每天的进入量。
- 在市场投放层面，结合公司历次投放效果，要研究软广投放（室外广告、电视、媒体）带来的量。
- 内测与公测期间，版本及付费、促留存的运营活动都可能有一定的变化，内测期间的付费率、ARPPU 在预测时可能面临一定的调整。
- 付费率、ARPPU 可根据运营节点进行有序调整，不必按一个恒定值进行计算。

4.5 最优市场费投放预估

4.4 节提到了根据封测期间的数据预测公测的收入、活跃的框架和应用实例。本节将介绍如何预估公测的最优市场费。

测算最优市场费，能告诉我们投入多少钱，能收回多少成本，多久能收回成本，利润率多少，投入多少能使利润最大化。这些数据可以帮助企业制定市场投放和发行策略，合理分配资源，避免资源浪费。

4.5.1 公测最优市场费测算原理

公测最优市场费测算原理如图 4-51 所示，详情如下。

（1）根据投入的市场费和 CPA，计算出首月新登录用户。考虑市场规模递减因素，CPA 随着市场费的上升而上升，且不同类型游戏不同品质的 CPA 各不相同。以 RPG 游戏为例，同样投入 500 万元，游戏评级为优秀的产品，CPA 为 4 元，良好为 11 元，一般为 16 元，之所以有这么大的差别，是因为游戏品质越高就越吸量。另外，因市场投放策略不同，也会影响到 CPA。

（2）根据新登录用户数和留存率，可计算出日活跃值，日活跃的计算公式如 4.4 节提到的：日活跃=当日新增+前 1 日留存+前 2 日留存+⋯+前 n 日留存。

（3）根据日活跃、封测期间的付费率和 ARPPU，可计算出月流水。月流水=日活跃用户数×付费率×ARPPU×30。

（4）根据流水、运营成本和费用，可计算出利润率。利润率=（流水−运营成本和费用）/流水。运营成本和费用主要包含渠道费、版权金（代理费）、研发分成、市场费、IDC 服务器成本、人力成本（IDC 服务器成本和人力成本随流水的变化而变化）。因为要计算投入不同市场费对应的利润率，因此此处在计算利润率时，不需要考虑市场费成本。

（5）根据利润率，可计算出半年利润率。半年净利润=半年流水×利润率−市场费，半年净利润最高值，即为半年利润最大化，对应的市场费即为最优市场费。

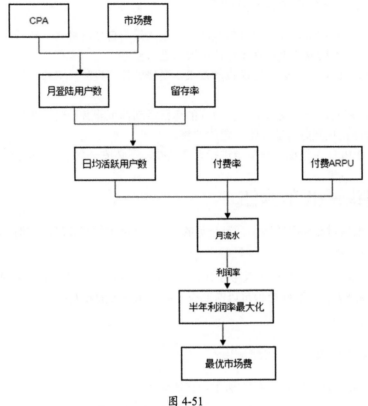

图 4-51

4.5.2 案例:《游戏 A》的最优市场费投放预估

《游戏 A》封测期间的次日留存率为 39%,第 3 日留存率为 30%,第 7 日留存率为 15%,日均付费率为 5%,每日平均 ARPPU 为 70 元,留存率评级为一般。需测算公测后的最佳市场投放金额及收回成本的时间。

> **测算最优市场投放金额**

(1)用市场费/CPA 指数,计算出月新增用户数。投入 100 万元的市场费,根据市场费和 CPA 指数模型,100 万元市场费对应的 CPA 指数为 8.5,假设市场费在 1 个月内使用完,1 个月内可带来 11.8 万个新用户。

(2)用 4.4 节提到的日活跃计算公式,得出日均活跃用户数。该游戏 11.8 万个月新用户的日均活跃用户数为 1.2 万。

(3)用日活跃×付费率×ARPPU×30,得出月流水为 126 万元,即 1.2×5%×70=126。

（4）用月流水×6，能得出半年流水，但多数情况下首月流水最高，需根据 4.4 小节提到的收入和活跃预测框架，留存率预估模型，来测算月流水，此处该游戏的半年流水=首月流水×4，即126×4，半年流水为 504 万元。

（5）用半年流水×利润率，得出半年净利润。利润率=（流水–运营成本和费用）/流水。表 4-12中最高的半年净利润为 266 万元，对应的市场费为 350 万元，**因此该游戏的最优市场费为 350 万元**。

如表 4-12 和图 4-52 所示。

表 4-12

投入市场费（万元）	付费率	ARRPU	CPA（指数）	月新登录用户数（万人）	日均活跃用户数（万）	月流水（万元）	半年收入（万元）	半年净利润（万元）	首月日均流水（万元）
100	5%	70	8.5	11.8	1.2	126	504	−53	4.2
150	5%	70	9	16.7	1.7	179	714	129	6.0
200	5%	70	9.5	21.1	2.1	221	882	151	7.4
250	5%	70	10.1	24.8	2.5	263	1 050	244	8.8
300	5%	70	10.6	28.3	2.8	294	1 176	259	9.8
350	**5%**	**70**	**11.3**	**31.0**	**3.1**	**326**	**1 302**	**266**	**10.9**
400	5%	70	11.9	33.6	3.4	357	1 428	265	11.9
450	5%	70	12.6	35.7	3.6	378	1 512	257	12.6
500	5%	70	13.4	37.3	3.7	389	1 554	242	13.0
550	5%	70	14.2	38.7	3.9	410	1 638	221	13.7
600	5%	70	15	40.0	4.0	420	1 680	194	14.0
650	5%	70	15.9	40.9	4.1	431	1 722	163	14.4
700	5%	70	16.8	41.7	4.2	441	1 764	127	14.7
750	5%	70	17.8	42.1	4.2	441	1 764	87	14.7
800	5%	70	18.8	42.6	4.2	441	1 764	43	14.7
850	5%	70	19.9	42.7	4.3	452	1 806	-4	15.1
900	5%	70	21.1	42.7	4.3	452	1 806	-54	15.1
950	5%	70	22.4	42.4	4.2	441	1 764	-107	14.7
1000	5%	70	23.5	42.6	4.3	456	1 824	-109	15.2
1500	5%	70	33.3	45.0	4.6	482	1 929	-116	16.1

说明：利润率的计算方式可根据业务实际情况调整。

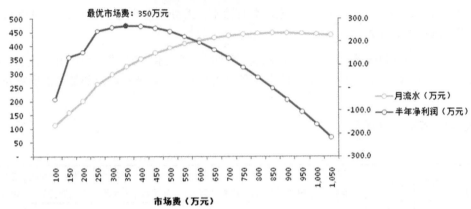

图 4-52

> 测算利润率、收回成本时间

考虑渠道费、代理费、研发分成、市场费、人力成本、服务器 IDC 成本，测算游戏利润率及收回成本的时间如下：

- 如果投入市场费 350 万元，预计日收入 7 万元，则 174 天（6 个月）能收回成本，半年利润率为 4%。
- 如果投入市场费 350 万元，日收入达到 10 万元，则预计 115 天（4 个月）能收回成本。成本说明：代理费 100 万元，研发分成 20%（按流水）。

如表 4-13 所示。

表 4-13

	投入 350 万元市场费 日均收入 7 万元	假设投入 350 万元市场费 日收入做达 10 万元	说　　明
总充值收入	13 020 000	11 500 000	最优市场费对应的半年流水
渠道费	4 817 400	4 255 000	渠道费占流水的 37%
代理费	1 000 000	1 000 000	代理费 100 万元
研发分成	2 604 000	2 300 000	研发分成占流水的 20%
市场费	3 500 000	3 500 000	最优市场费
人力成本	450 000	287 500	3 人，25 000 元/人/月
服务器 IDC 成本	180 000	115 000	30 台服务器，服务器和 IDC 成本 1 000 元/台/月
成本合计	12 551 400	11 457 500	=渠道费+代理费+研发分成+市场费 +人力成本+服务器 IDC 成本
净利润	468 600	42 500	=总充值收入−成本合计

续表

	投入 350 万元市场费 日均收入 7 万元	假设投入 350 万元市场费 日收入做达 10 万元	说　明
利润率	4%	0%	=净利润/总充值收入
日均收入	72 333	100 000	
收回成本的时间（天）	174	115	

4.6　案例：用户流失原因分析

在本章的开头，我们提到了封测的主要目的是发现问题，流失分析是能帮助我们发现问题的常规方法。

封测期间的流失分析主要是找出用户流失的卡点，将结果反馈给研发人员，研发人员进行有针对性的修改，从而优化版本，提升用户体验。

找出流失用户的卡点，可以从等级、任务、地图、活动和副本数据入手，找到玩家流失的主要等级，流失前持有的主线任务、所在的地图、参与的活动和副本。有了这些数据参考，研发人员就能较精确地定位问题。

《游戏 A》封测时间共 8 天，下面以 8 天的数据为研究对象，分析用户流失的原因。

4.6.1　分析方法概述

将玩家最后一次下线当天的游戏行为按时间顺序排序，取最后一个游戏行为进行分析，游戏行为包含进入地图、接受 / 完成 / 放弃任务、参加活动、参与打副本。

主要采用对比分析、分组分析、交叉分析和相关分析方法。主要的分析指标如下。

- 流失用户：4 天流失用户，即封测第 1～4 天登录，在第 5～8 天未登录的用户。
- 流失用户筛选条件：取账号最高等级角色，剔除角色等级为 1 级的用户。剔除登录当天及流失的用户（登录天数=1 天，该用户中泛用户居多，其游戏行为不能反映用户情况，因此剔除）。

4.6.2　数据来源

数据来源于游戏内用户行为日志，为便于数据统计分析，需要对用户的行为日志进行数据埋点。所谓"埋点"，是数据采集领域（尤其是用户行为数据采集领域）的术语，指的是针对特定用户行为或事件进行捕获、处理和发送的相关技术及其实施过程。

数据埋点为了统计分析的需要，对用户行为的每一个事件进行埋点布置，并对这些数据结果进行分析，进一步优化产品或指导运营。

基于埋点的数据进行统计汇总后的流失用户最后一次行为基础数据如表 4-14 所示。

表 4-14

流失用户账号	最高角色等级	流失前最后一个行为类型	流失前最后一个行为具体名称	状态	属性	最后一个行为→退出游戏的时长（分）
A	8	任务	青萝蔓茎	接受	支线	2.4
B	10	任务	龟蛇碧血	接受	剧情	4.9
C	11	任务	火之元晶	完成	剧情	3.4
D	12	地图	灵虚古境	上线	地图	10
E	13	地图	逍遥	上线	地图	6.3
F	15	地图	扬州	上线	地图	4
G	17	活动	世界 BOSS	完成	每日限时	4.4
H	18	活动	铁人三项	完成	每日限时	3.6
I	19	活动	屠魔密境	完成	每周	44
J	20	活动	挖宝	接受	每周	15
K	21	活动	摇钱树	完成	每日	19
L	22	活动	悬赏	完成	每日	20
M	30	副本	双峰山	通关	普通	5.5
N	44	副本	锁龙崖	通关	普通	11
O	50	副本	乾磐窟	未通关	精英	15
P	51	副本	万兽巢	未通关	普通	17

4.6.3 分析案例

1. 流失用户等级分布

首先，我们来看看流失用户的等级分布，找到用户流失的主要等级。

对表 4-14 流失用户最后一次行为基础数据基于等级维度进行汇总，可得到各等级的流失用户分布，如图 4-53 所示。

4 天流失用户中，最高等级为 67 级；流失等级主要为 21、22、25、26、27、30、31 级。

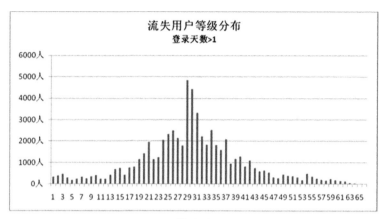

图 4-53

2. 流失用户下线前最后一个游戏行为总览

我们再从整体上看下用户流失前的最后一个游戏行为，用户是在做了什么事情之后流失的。

对表 4-14 流失用户最后一次行为基础数据基于行为类型维度进行汇总，由图 4-54 可以看出，有 54%的用户在做任务后流失，有 39%的用户在进入地图后流失，有 6%的用户在做活动后流失，有 1%的用户在打副本后流失，其中，接受任务后流失的用户比例最高。

那这些用户在做任务（或者其他行为）之后在游戏内停留了多久才退出游戏，从而流失的呢？

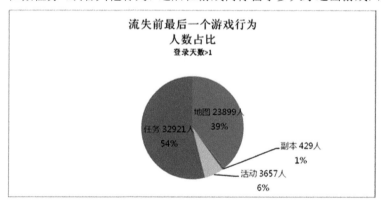

图 4-54

接下来我们再进一步分析流失用户在完成最后一个行为后到退出游戏，总共花了多长时间。

对表 4-14 流失用户最后一次行为基础数据基于行为类型和行为时长维度进行汇总，由图 4-55可以看出，做活动后流失的用户游戏时长最长，为 41 分钟。参与副本后流失的用户时长最短，为9 分钟。

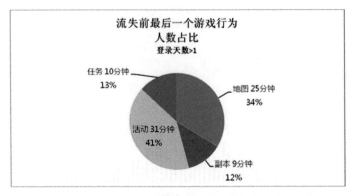

图 4-55

进一步分析，看看各等级的用户进行最后一个行为到退出游戏花了多长时间。

对表 4-14 流失用户最后一次行为基础数据基于行为类型、行为时长和等级维度进行汇总，可得到图 4-56 和图 4-57。

下线前最后一个游戏行为进入地图的用户中，**30 级用户进入地图到退出游戏的时长最高**，为 66 分钟。根据表 4-14 的基础数据，查到这批用户主要是在玄冥地图的停留时长过高。

下线前最后一个游戏行为参与活动的用户中，**54 级参加活动到退出游戏的时长最高**，为 99 分钟，根据表 4-14 的基础数据，查到这批用户主要是在参与境界活动后在境界福地的游戏时长过高，境界福地是一个挂机地图，且境界活动的 NPC 在境界福地地图，说明图 4-55 中"参与活动后流失的用户游戏时长最长"是因为高等级玩家在参与境界活动后挂机，提升了平均时长。

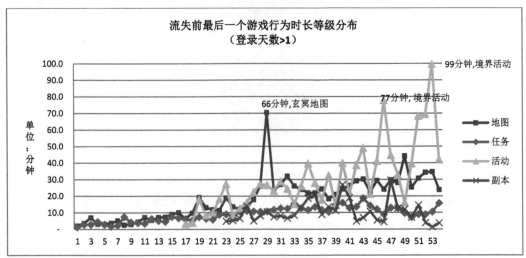

图 4-56

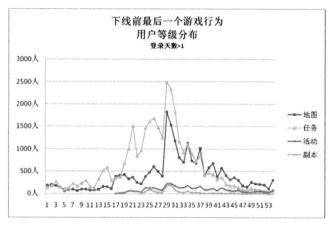

图 4-57

3. 流失用户下线前最后一个游戏行为细分

下面对用户流失前每个具体的游戏行为进行细分分析，分别从地图、任务、活动和副本四大类别的游戏行为入手。

（1）进入地图

虽然本次流失用户我们剔除了登录天数等于 1 天的用户，但为了和登录天数大于 1 天的流失用户做对比，看流失（下线）前的最后地图分布差异，于是把登录天数等于 1 天的流失用户的地图分布也展示出来了，如图 4-58 所示。

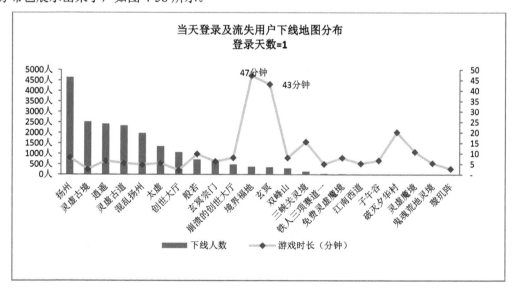

图 4-58

登录天数=1 天的流失用户，在扬州地图流失的用户占比 24%。在灵虚古镜地图流失的用户占比 13%，灵虚古镜为新手地图，用户等级主要为 7～15 级。

登录天数大于 1 天的流失用户，在扬州地图流失的用户占比 58%。在玄冥地图的游戏时长为 187 分钟，有 **136 个用户下线前在玄冥地图的平均时长超过 6 小时**，具体原因需要研发人员配合分析。如图 4-59 所示。

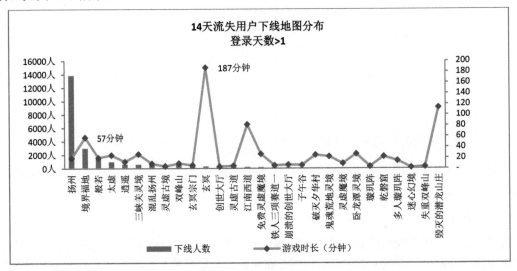

图 4-59

和图 4-57 对比发现，登录天数大于 1 天的流失用户在扬州地图比例更高。那么在扬州地图流失的这些用户主要集中在哪些等级，这些等级的用户主要集中在扬州地图的哪一块区域呢？

带着上面的问题，我们来做进一步分析。

筛选表 4-14 流失用户最后一次行为基础数据中流失地图为扬州的用户，基于等级维度进行汇总，得出以下数据。

在扬州地图流失的用户等级主要为 21、22、25、26、27、30、31、32 级。如图 4-60 所示。

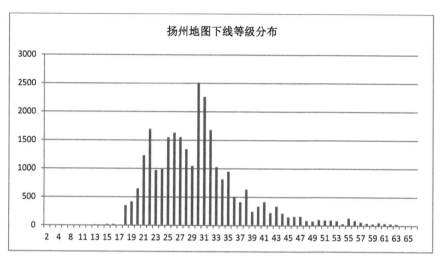

图 4-60

接下来，我们看下 21、22、25、26、27、30、31、32 级玩家主要是在扬州地图的哪个区域流失的。

首先，我们需要先找游戏研发人员要一张游戏地图，然后在 Excel 中新建一张空白的图表，在"设置绘图区格式"中，选择将该游戏地图作为图片填充到图表中。图表的 X 轴和 Y 轴的最大值需按照游戏中记录的玩家上线下线地图的数字进行设定，该游戏的地图 X 轴和 Y 轴最大值为 2048，为了更清晰地显示坐标刻度，设定主要刻度单位为 128。如图 4-61 所示。

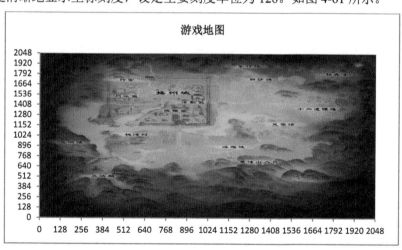

图 4-61

然后，需要将玩家的上线和下线的坐标引入图 4-61。

玩家上线和下线的坐标原始数据如表 4-15 所示。

表 4-15

账 号	X 轴	Y 轴
A	890.059	1401.843
B	950.669	1252.598
C	669.643	864.099
D	1666.075	1873.5
E	802.52	904.165
F	731.603	916.113
G	716.435	1213.848

我们取出所有流失用户的下线坐标，在图 4-61 中选择数据源，编辑 X 轴系列值为流失用户的下线 X 坐标，Y 轴系列值为流失用户的下线 Y 坐标，可得到图 4-62。

由图 4-62 可以看出，流失用户的下线点几乎遍布地图各个角落，但扬州城的人数最多，分布最为密集。

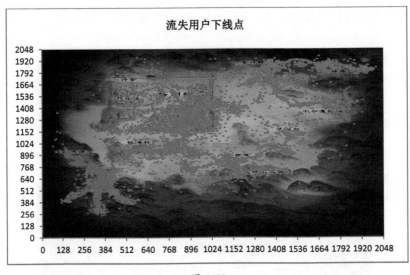

图 4-62

接下来，我们将流失用户的主要等级划为三个部分，分别为 21、22 级，25～27 级，30～31 级，分析这三部分流失玩家的下线地图差异。

我们取出 21、22 级流失用户的下线坐标，在图 4-61 中选择数据源，编辑 X 轴系列值为 21、22 级流失用户的下线 X 坐标，Y 轴系列值为 21、22 级流失用户的下线 Y 坐标，可得到图 4-63。

将图 4-63 放大后可以看出，21、22 级流失用户扬州场景下线点主要集中在扬州城内的摆摊区、活动区和白沙镇。

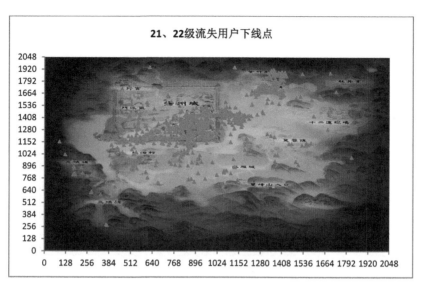

图 4-63

　　按图 4-63 的操作步骤，得出 25～27 级流失的下线点主要集中在扬州城内的摆摊区和活动区、桃源村。如图 4-64 所示。

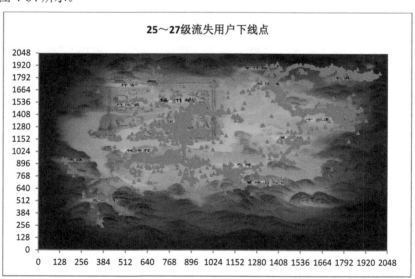

图 4-64

　　按图 4-64 的操作步骤，得出 30～32 级流失用户下线点主要集中在扬州城内的摆摊区和活动区、三峡关、落雁塔和双峰山入口。如图 4-65 所示。

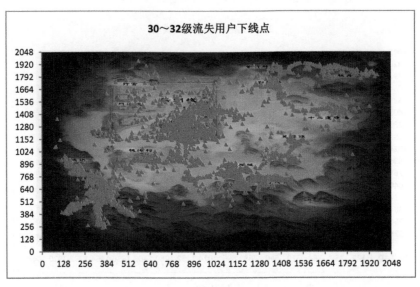

图 4-65

境界福地的下限点主要集中在前 14 个点，流失点不明显，主要因为境界福地支持玩家挂机。如图 4-66 所示。

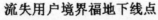

流失用户境界福地下线点

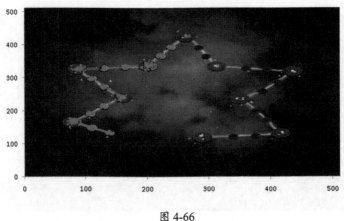

图 4-66

备注：以上为登录天数>1 天的流失用户，下线即为流失。

（2）接受/完成/放弃任务

根据原始数据表 4-14，我们可以统计出各等级用户下线前最后一个任务 TOP1 及相关数据，包含：各等级流失前持有的任务 TOP1、从接受该任务到退出游戏的在线时长，以及该任务占当前等级所有任务的比例，如表 4-16 所示。

由表 4-16 可以看出，用户在接受青萝蔓茎、龟蛇碧血、丹阳火气、脱骨化形、邪煞恶孽和锤震天下任务后流失的比例较高，平均流失人数比例为 43%。

表 4-16

角色等级	任务名称（持有任务 TOP1）	状态	类型	流失前最后一个任务行为的在线时长（分钟）	当前等级当前任务流失人数（人）	当前等级所有任务流失人数（人）	流失人数占比
8	青萝蔓茎	接受	支线	2.4	3661	10075	36%
9	青萝蔓茎	接受	支线	3.6	2328	5332	44%
10	龟蛇碧血	接受	剧情	4.9	2952	6639	44%
11	火之元晶	接受	剧情	3.4	2001	7040	28%
12	丹阳火气	接受	剧情	3.5	1213	3275	37%
13	脱骨化形	接受	剧情	6.3	1115	2361	47%
14	璇霓宝蛛	接受	剧情	7.6	1564	4616	34%
15	雪僵魔兽	接受	剧情	4	972	7487	13%
16	镇压三元	接受	剧情	5.1	1257	7405	17%
17	邪煞恶孽	接受	剧情	4.4	1369	2694	51%
18	初识扬州	接受	剧情	3.6	649	2538	26%
19	锤震天下	接受	剧情	4.4	1235	3060	40%
20	第一好汉	接受	剧情	4.6	1124	4008	28%
21	明镜照妖	接受	剧情	7.3	1642	6440	25%
22	购货配药	接受	支线	6.5	1209	6867	18%
23	搜夺妖灵	接受	支线	5.7	651	3098	21%
24	剪凶除害	接受	支线	8.4	691	2745	25%

说明：因 8 级以前的游戏时长较短，从 25 级开始可以进入副本，游戏内容较多，下线前的最后一个任务相对分散，所以只列出 8～24 级用户任务数据。

（3）参加活动

根据原始数据表 4-14，我们可以统计出用户流失前的最后一个行为：参加活动。

如图 4-67 所示，参加摇钱树活动后流失的用户数最高，为 851 人，占比 23%。

参加境界福地活动后流失的用户游戏时长最高，为 128 分钟；554 人在境界福地中流失，占比 15%。

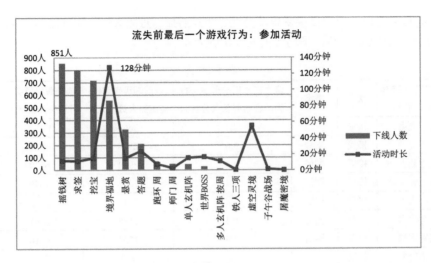

图 4-67

（4）参与打副本

根据原始数据表 4-14，我们可以统计出用户流失前的最后一个行为：参与打副本。

由表 4-17 可以看出，参与打双峰山副本后流失的用户占比为 89%，通过率为 56%，活跃用户的通过率为 92%。

副本通过率低是用户流失的原因之一。

表 4-17

副本名称	状 态	流失人数	通过率
双峰山	通关	214	56%
	未通关	169	
精英双峰山	通关	2	50%
	未通关	2	
乾磐窟	通关	1	14%
	未通关	6	
精英乾磐窟	通关	9	45%
	未通关	11	
锁龙崖	通关	4	50%
	未通关	4	
万兽巢	通关	2	29%
	未通关	5	

4.6.4　分析结论

由以上详细的分析，可以得出以下主要结论。

（1）任务：接受任务后流失的用户比例最高，为 54%，其中 8～24 级用户接受任务后流失的人数较多，主要任务有青萝蔓茎、龟蛇碧血、丹阳火气、脱骨化形、邪煞恶孽和锤震天下。

（2）地图：进入地图后流失的用户比例为 39%，其中进入**扬州地图后流失的用户占比 58%**，主要流失点为：21、22 级用户：白沙镇；25～27 级用户：桃源村；30～32 级用户：三峡关、落雁塔和双峰山入口。

（3）活动：参加活动后流失的用户比例为 6%，其中：**参加摇钱树活动后流失的用户数最高**，为 851 人，占比 23%；参加境界福地活动后流失的用户游戏时长最高，为 128 分钟，占比 41%；554 人在境界福地下线，占比 15%。

（4）副本：参与打副本后流失的用户比例为 1%，进入副本后流失的用户平均游戏时长为 9 分钟，其中，

- 打双峰山副本后流失的用户最高，占比 89%，副本通过率为 56%，相对活跃用户通过率较低。
- 双峰山入口流失用户多，双峰山副本通过率低和组队困难有一定关系。

（5）建议：对接受任务后流失人数较多的任务进行优化；对扬州场景的几个主要流失点对应的任务进行调整。

4.6.5　小结

以上通过流失用户的最后一次游戏行为数据的分析，深挖玩家流失原因，先从整体上了解用户最后一个行为，再从细节上定位到用户在流失前持有的每一个任务、下线的地图、参与的活动和副本，以及从最后一个行为到退出游戏的时间，甚至画出了用户流失前的地图坐标。

要完成以上的分析，需要对游戏内容非常熟悉，这样才能有一个整体的思路框架。另外，对表结构和 SQL 掌握也需要非常熟练，才能得到如表 4-14 的数据（流失用户最后一次行为基础数据）。基于表 4-14 的数据分析，就需要我们层层分解"剥洋葱"，寻找玩家的流失点，

以上的报告数据定位较精准，为研发人员进行深度的游戏优化提供了很好的参考。

第 5 章

公测期市场分析

公测期的游戏版本完成度通常已经很高了，其稳定性、游戏性、易用性、功能性和交互性已经达到了一定的要求。公测对于游戏来说是一件很重要的事情，公测的目的主要是为了导入更多用户，获得更高收入。用户的导入量虽然和游戏 IP 及自身的品质相关，但是和市场投放也是息息相关的。

我们在第 3 章提到过游戏发行预热期一般会以时间节点为轴线制定市场预热宣传方案。方案内容主要包括该产品的传播定位、分阶段分轴线的宣传主题、新闻/软文线、活动（线上）简案、视觉宣传主要策略、非投入型媒体清单等。公测期的市场投放金额相对预热期会高很多，以品牌宣传和效果类媒体为主，主要包含：硬广投放（媒体投放、百度专区建设、定制主题广告素材以及搜索关键词方案的优化）、渠道保量、CPA 买量、软性推广（各媒体要闻推荐、视频传播推广、微信和微博推广、KOL 推广）、地面推广、发布会和异业合作。

公测期的市场投放，一般会以预热期的用户分析为基础，选择好的投放策略做精准投放，使得效果最大化。

➢ 公测次数

一般情况下公测节点只有一次，但部分游戏为了宣传造势，会有两次公测节点。第一次不限量不删档称之为开放性测试，第二次才是公测。两个测试节点一般间隔 1 个月左右。

➢ 数据分析师的工作内容

（1）竞品调研：全方位了解产品动态，评价竞品压力。其主要的价值是上线时机的选择，避重就轻，和竞品打差异化。

（2）游戏服务器数量确定：在游戏开测、版本重大更新前，提前预测最高在线人数，根据单服最佳承载人数，判断要开或者加多少组服务器数量，避免出现服务器拥堵、玩家排队的现象。

（3）广告投放效果分析：每天监控广告投放数据，一旦发现数据异常，及时预警，优化、调整广告投放形式或素材，甚至及时停止广告，以此提高整体投放效果，降低投放风险。

（4）用户手机机型分布：了解各游戏的手机设备平台构成比例；获得手游用户当季的主流机型的硬件配置，作为研发项目兼容性测试的必过机型，替代原先的兼容性方法，从而提高产品质量。

5.1 案例：预热期的竞品调研

预热期间的竞品分析主要是了解竞品游戏的产品特征、市场活动和整体的数据表现，而公测期间的竞品调研较预热期的侧重点有所不同，主要关注同期上线、类型相似的产品，竞品关注点为百度指数、17173 下载量，可以进行多个竞品游戏的百度指数及 17173 下载量横向对比，针对数据好的竞品游戏进行详细分析。详细分析内容包含版本信息、游戏新闻、运营活动、服务器变更信息等，全方位了解产品动态，评价竞品压力。其主要的价值是上线时机的选择，避重就轻，和竞品打差异化。

下面以 2014 年某款上线的 MMORPG 端游为例，对同期的竞品调研结果如下：

5.1.1 基本信息调研

首先，对同时期端游市场上主流 MMORPG 游戏进行信息收集和调研，数据一次收集完即可。如表 5-1 所示。

表 5-1

游戏	开发公司	运营公司	游戏风格	游戏类型	整体定位	背景支持（同名小说，电影）	游戏特色
《魔兽世界》	暴雪	网易	奇幻	3D	欧美奇幻 3D MMORPG	单机系列《魔兽争霸》	完整世界史诗背景 游戏类型自由选择 十三大种族个性鲜明 十一种职业，各领风骚 辅助系统，轻松游戏 唯美风格，暴风之子
《剑灵》	NCSoft	腾讯	武侠	3D	韩产东方风格 3D 动作 MMORPG	无	超震撼的视频为我们展示了逼真的东方武侠世界，令人叹为观止的轻功、炫酷的人物造型、拳拳到肉的打斗感、血脉贲张的战斗过程，以及搞怪幽默的任务情节…… 总而言之，玩家所熟悉的风格、华丽的画面、增强的动作性和淋漓尽致的暴力美学，这款东方武侠网游已经具备了成为超级大作的潜力

《激战2》	NCsoft & Arenanet	空中网	奇幻	3D	欧美奇幻 3D MMORPG	无	真实灵活快节奏——实感战斗系统 一个副本 N 种毕业方式——地下城双模式 横跨三大服务器的世界大战——PVP 世界战场 玩游戏像主演奇幻电影——个人史诗剧情 剧情随时改变 探索新鲜世界——动态事件
《天涯明月刀》	腾讯	腾讯	武侠	3D	国产 3D 武侠题材 MMORPG	同名小说	《天涯明月刀》是腾讯在 TGC2012 上发布的，由腾讯自研的全 3D 武侠题材 MMORPG 网络游戏，该游戏以中华正统武侠文化为创意基础，结合大量国际先进的次世代技术运用，旨在带给玩家具有纯正中国风画面和丰富武侠体验的游戏，与市面上大多武侠游戏不同
TERA（神谕之战）	Bluehole Studio	昆仑万维	奇幻	3D	欧美奇幻 3D 动作 MMORPG	无	TERA（中文名《神谕之战》）是一款由韩国 Bluehole Studio 公司历时 7 年耗资 800 亿韩元开发的世界级网络游戏，首创了网游无锁定战斗模式。韩国 Bluehole Studio 公司拥有众多韩国顶级的开发人员，最初团队的每一个人几乎都参与了开发和制作《天堂1》《天堂2》《永恒之塔》等韩国顶级 MMO（大型多人在线游戏）游戏。游戏采用独特技术将游戏战斗拟真化，不管是攻击的力道、方向、距离，还是受到损伤的程度等，都强调真实感的呈现

5.1.2 各竞品数据

在收集了市场上主流的 MMORPG 端游信息之后，通过定期更新百度指数、17173 下载量等数据来及时了解各款竞品游戏的相关动向，以达到为游戏选取市场和运营活动最佳上线时机的目的。（各项数据建议每周更新）

《激战2》

运营动态：无特殊动态。

游戏在线人数：稳定运营中。百度指数和 17173 下载量如图 5-1 所示。

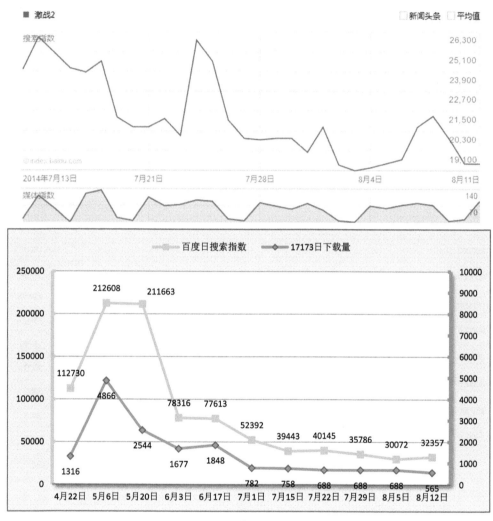

图 5-1

《剑灵》

运营动态：有大版本更新。

游戏在线人数：稳定运营中。百度指数、17173 下载量如图 5-2 所示，版本信息如表 5-2 所示。

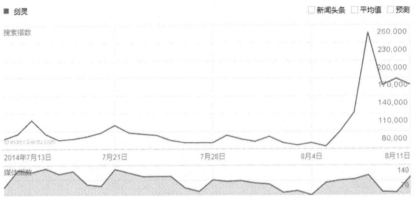

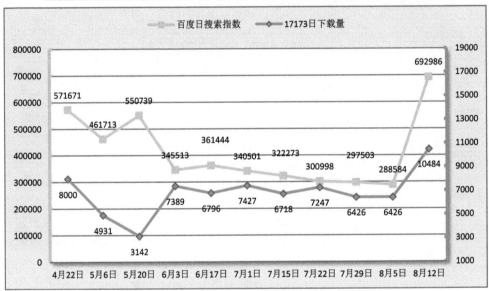

图 5-2

表 5-2

	内　　容	更新时间	摘　　要
版本信息	8月8日0:00全区维护，正在造雪	8月8日	新版本，新游戏内容
游戏新闻	白青公测今日开启！游戏内看雪景六大必做准备	8月8日	新版本公测
运营活动	/		
服务器变更信息	1组拥挤，其余畅通		

《魔兽世界》

运营动态：无特殊动态。

游戏在线人数：平均在线约 4～6 万人/天。百度指数和 17173 下载量如图 5-3 所示。

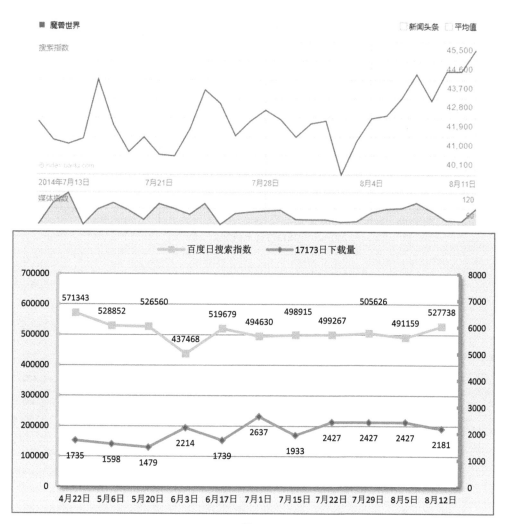

图 5-3

《天涯明月刀》

运营动态：大版本更新，继续保持每日更新调整。

服务器信息：内测共 3 大区，5 组服务器。

百度指数和 17173 下载量如图 5-4 所示。

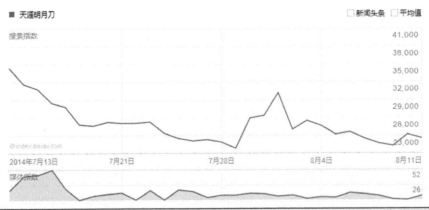

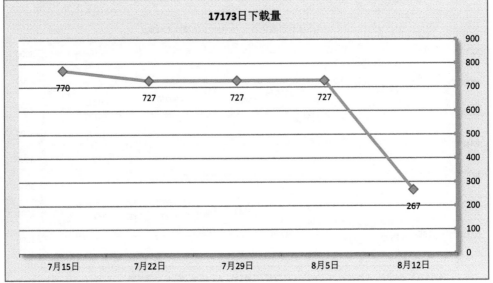

图 5-4

TERA

运营动态：开始开放性测试。

服务器信息：共 35 组服务器，最高在线 10 万人以上。

百度指数、17173 下载量如图 5-5 所示，相关新闻如表 5-3 所示。

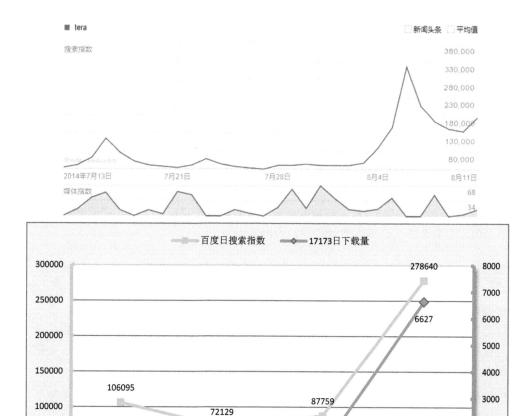

图 5-5

表 5-3

	内　容	更新时间	摘　要
游戏新闻	8 月 6 日 12:00，*TERA* 开放性测试正式开启	8 月 6 日	开放性测试开始
运营活动	*TERA* 庆开放测试　十大活动豪礼送不停	8 月 5 日	开放性测试相关活动
服务器变更信息	目前已有电信 27 组，网通 8 组共 35 组服务器		

5.1.3　竞品调研内容摘要

通过以上两步，竞品游戏的动向和竞争压力就能被较为全面地掌握了，结果如表 5-4 所示。

表 5-4

竞品游戏	摘　　要	竞品压力
《激战 2》	无特殊动态。稳定运营中	★★★☆☆
《剑灵》	有大版本更新。平均在线约 30～33 万人/天	★★★★★
《魔兽世界》	无特殊动态。平均在线约 4～6 万人/天	★★★☆☆
《天涯明月刀》	大版本更新，继续保持每日更新调整	★★★☆☆
TERA	开始开放性测试。共 35 组服务器，最高在线 10 万以上	★★★☆☆

5.1.4　分析结论

对于一级竞品游戏有较大版本更新和市场活动时，可以选择避峰上线。同时竞品那些产生了数据上升的版本更新和市场活动内容建议项目组参考学习。

5.2　案例：游戏服务器数量确定

关于游戏服务器数量确定，在游戏开测、版本重大更新、大量玩家涌入的时候，服务器准备不足往往是令运营团队头疼的事情。如果事前能对最高在线人数进行预判，根据单服最佳承载人数，就可以判断要开或者加开多少组服务器了。下面主要是采用引入百度指数作为自变量的时间序列分析方法对最高在线人数进行预测。

百度指数是以百度海量网民行为数据为基础的数据分享平台，是当前互联网乃至整个数据时代最重要的统计分析平台之一，自发布之日便成为众多企业营销决策的重要依据。百度指数能够告诉用户某个关键词在百度的搜索规模有多大，总体反映营销活动当前的市场热度。

时间序列分析（Time Series Analysis）是一种动态数据处理的统计方法。该方法基于随机过程理论和数理统计学方法，研究随机数据序列所遵从的统计规律，以用于解决实际问题。关于时间序列的详细介绍，比如 ARMA、ARIMA 模型等，大家可以参见统计学相关书籍。这里不重点论述这些理论知识，主要介绍利用 SPSS 操作时间序列分析预测的详细步骤。

本节采用《全民×××》2015 年 1 月 27 日至 2015 年 8 月 31 日的最高在线人数以及《全民×××》关键词的百度指数作为样本数据，对 2015 年 9 月 1 日至 9 月 5 日的游戏最高在线人数进行预测。图 5-6 为样本采集期间的最高在线人数和百度指数的曲线图，从图中可以看到百度指数与最高在线人数的变化还是基本一致的。

图 5-6

将样本数据导入到 SPSS，这里注意 SPSS 在操作时间序列模型的时候，不能利用自带的日期数据，需要重新定义。故点击"数据"按钮，选择"定义日期"，弹出界面如图 5-7 所示，由于样本数据为每日数据，可选择"日"，从"1"开始即可。

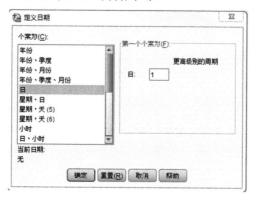

图 5-7

点击"确定"按钮后，原始数据窗口会多出两个字段："DAY_"和"DATE_"（见图 5-8）。

cdate	ios_pcu	baidu_index	DAY_	DATE_
27-Jan-2015	16661	1511	1	1
28-Jan-2015	15167	1786	2	2
29-Jan-2015	16905	2268	3	3
30-Jan-2015	16972	1911	4	4
31-Jan-2015	17320	2013	5	5
01-Feb-2015	18487	1756	6	6
02-Feb-2015	17389	1764	7	7
03-Feb-2015	16412	1819	8	8
04-Feb-2015	16025	1878	9	9
05-Feb-2015	16062	1690	10	10
06-Feb-2015	13988	1429	11	11
07-Feb-2015	12828	1440	12	12
08-Feb-2015	12521	1402	13	13
09-Feb-2015	12988	1703	14	14
10-Feb-2015	12594	1555	15	15
11-Feb-2015	13053	1695	16	16

图 5-8

在 SPSS 中选择"分析"→"预测"→"创建模型"命令，弹出如图 5-9 所示界面框。

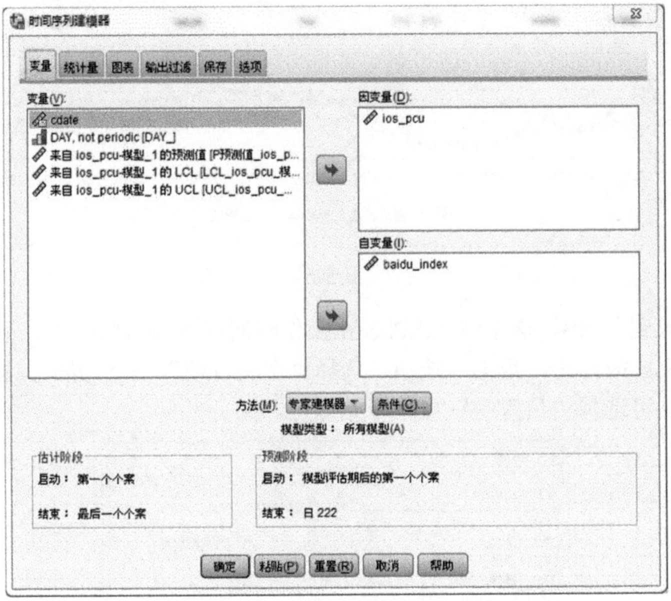

图 5-9

将 ios_pcu 拖进"因变量"，baidu_index 拖进"自变量"，方法选用"专家建模器"；点击"条件"按钮，选择"仅限 ARIMA 模型"，不考虑季节性模型（见图 5-10）。

图 5-10

"统计量""图表"这两块的选择参见图 5-11 和图 5-12，由于需要对 2015 年 9 月 1 日至 9 月 5 日的最高在线人数进行预测，则勾选预测值、拟合值、预测值的置信区间等相应指标。

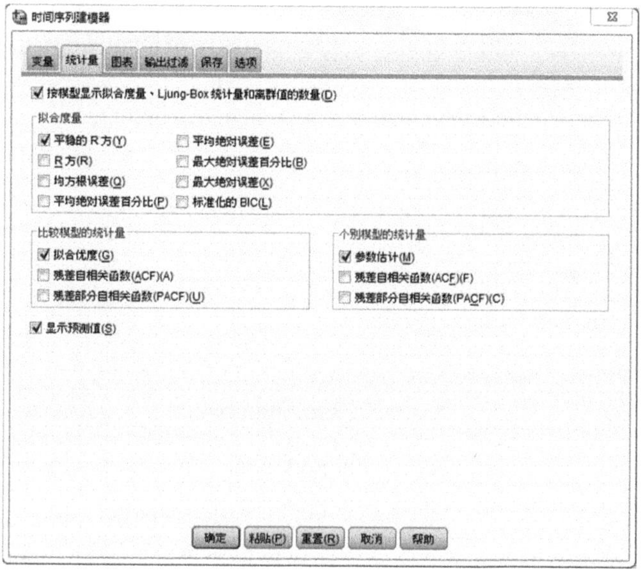

图 5-11

图 5-12

我们分别设定：预测值输出、95%置信度的上下限。这里要注意 SPSS 中文版本有个小 bug，就是"预测值（P）"，这个必须要修改一下，不然无法运行，这里更改为"P 预测值"（见图 5-13）。

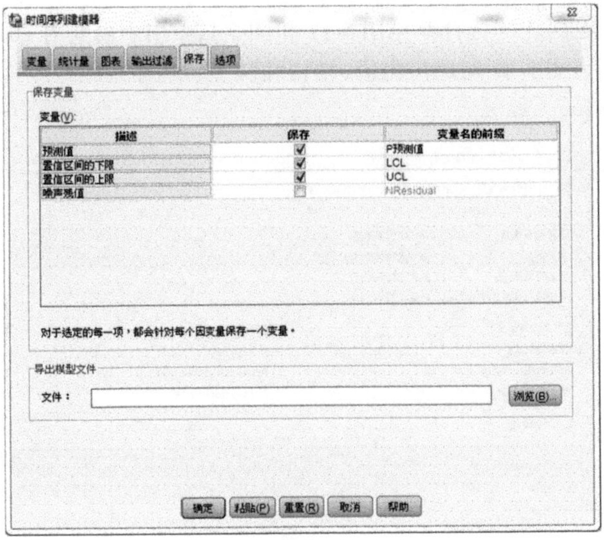

图 5-13

由于要做预测,"选项"这一栏,我们选择"模型评估期后的第一个个案到指定日期之间的个案",由于采样样本和预测样本总共有 222 个,所以这里的"日"填写"222"(见图 5-14)。

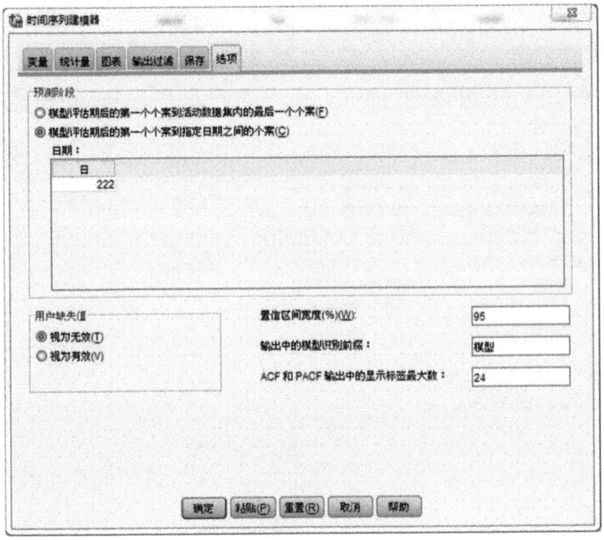

图 5-14

在选择好模型和方法后,点击"确定"按钮,就可以得到模型结果了。表 5-5 为得到的 ARIMA 模型,表 5-6 和表 5-7 为统计检验指标结果。sig 值越大越好,平稳的 R 方也是越大越好。

从表 5-6 中可以看到,该模型的 sig 值为 0.808,sig 值列给出了 Ljung-Box 统计量的显著性值，该检验是对模型中残差错误的随机检验，表示指定的模型是否正确。显著性值小于 0.05 表示残差误差不是随机的，则意味着所观测的序列中存在模型无法解释的结构。R 方值为 0.429，此统计量是序列中由模型解释的总变异所占比例的估计值。该值越高（最大值为 1.0），则模型拟合会越好。

表 5-5

模型 ID	ios_pcu	模型_1	模型类型
			ARIMA(0,1,6)

表 5-6

模型	预测变量数	模型拟合统计量 平稳的 R 方	Ljung-Box Q(18) 统计量	DF	sig	离群值数
ios_pcu-模型_1	1	0.429	11.020	16	0.808	0

表 5-7

拟合 统计量	均　值	SE	最小值	最大值	百分位						
					5	10	25	50	75	90	95
平稳的 R 方	0.429	.	0.429	0.429	0.429	0.429	0.429	0.429	0.429	0.429	0.429
R 方	0.964	.	0.964	0.964	0.964	0.964	0.964	0.964	0.964	0.964	0.964
RMSE	1532.652	.	1532.652	1532.652	1532.652	1532.652	1532.652	1532.652	1532.652	1532.652	1532.652
MAPE	5.973	.	5.973	5.973	5.973	5.973	5.973	5.973	5.973	5.973	5.973
MaxAPE	86.633	.	86.633	86.633	86.633	86.633	86.633	86.633	86.633	86.633	86.633
MAE	875.047	.	875.047	875.047	875.047	875.047	875.047	875.047	875.047	875.047	875.047
MaxAE	12819.317	.	12819.317	12819.317	12819.317	12819.317	12819.317	12819.317	12819.317	12819.317	12819.317
正态化的 BIC	14.820	.	14.820	14.820	14.820	14.820	14.820	14.820	14.820	14.820	14.820

表 5-8 为预测的结果值，9 月 1 日至 9 月 5 日的游戏最高在线人数分别为 12664、13859、13756、13538、13170。图 5-15 为预测值与观测值的曲线拟合图，圆圈内为未来几天的预测值曲线。 与此同时，SPSS 活动数据集中也存储了未来 5 天的预测数值（见图 5-16）。

表 5-8

模　　型		218	219	220	221	222
ios_pcu-模型_1	预测	12664	13859	13756	13538	13170
	UCL	15683	18130	18528	18762	18811
	LCL	9644	9588	8985	8313	7529

对于每个模型，预测都在请求的预测时间段范围内的最后一个非缺失值之后开始，在所有预测值的非缺失值都可用的最后一个时间段或请求预测时间段的结束日期（以较早者为准）结束。

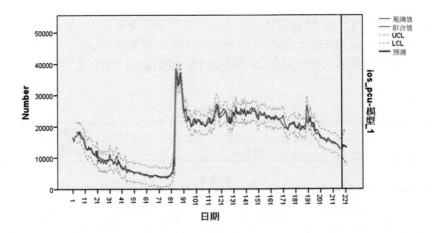

图 5-15

cdate	ios_pcu	baidu_index	DAY_	DATE_	P预测值ios_	LCL_ios_pcu模型_1	UCL_ios_pcu模型_1
24-Aug-2015	15164	752	210	210	14572	11552	17592
25-Aug-2015	15028	643	211	211	14502	11482	17522
26-Aug-2015	14626	764	212	212	14888	11868	17908
27-Aug-2015	14292	824	213	213	14631	11611	17651
28-Aug-2015	14163	821	214	214	14293	11273	17313
29-Aug-2015	13936	670	215	215	13886	10866	16906
30-Aug-2015	13216	574	216	216	13012	9993	16032
31-Aug-2015	12643	669	217	217	13048	10028	16068
	.	707	218	218	12664	9644	15683
	.	932	219	219	13859	9588	18130
	.	738	220	220	13756	8985	18528
	.	712	221	221	13538	8313	18762
	.	662	222	222	13170	7529	18811

图 5-16

5.3 案例：广告投放效果分析

广告投放是游戏运营各个节点中不可或缺的市场活动，对于公测节点，一次成功的广告投放，不仅可以提高游戏知名度，导入可观的用户量，而且由此产生的大量投放数据和用户数据能够帮助分析师得到更加有说服力的分析结果，有利于游戏的改进。

以手游为例，一般在游戏正式开测当天进行大规模硬广的投放，每天监控广告投放效果数据，分析和总结各类媒体的特性和效果，有助于市场人员及时发现问题，调配资源，从而减少市场投放成本，使其效果最大化。

广告投放效果分析，可以在广告投放结束后根据每次投放后的数据及实际经验，对本次投放进行总结，也可以将历次的投放数据进行对比总结。本次案例将以一款 RPG（角色扮演游戏）类手游为例，采用数据对比和分组分析的方法，综合分析游戏开测以来的四拨投放效果，希望尽可能地囊括更多的投放节点，给读者带来更多的收获。

5.3.1　市场投放媒体分类

在分析广告投放效果之前，我们先了解一下市场投放媒体的类别。

按投放的平台可分为三大类，分别为 Android、iOS 和 PC 端。

按媒体属性可分为九大类，分别为市场推广、搜索类媒体、动漫&小说、手机媒体、手机市场、积分墙、联盟广告、端游广告和 CPA 广告，如图 5-17 所示。以下是能用广告监控代码监控到用户转化的数据，还包含部分监控不到用户转化数据的媒体，如新闻类、资讯类和视频类媒体。因此，本章的广告投放效果分析仅针对能监控到用户转化数据的媒体。

图 5-17

5.3.2 分析方法概述

采用对比分析、分组分析、交叉分析方法，对比同一款游戏在各个媒体、各个投放节点，以及不同游戏主要数据指标，从而评估各个媒体和节点的投放效果。

主要分析指标

（1）CPC：广告投放金额/所投的广告带来的点击用户数，获得点击用户成本，并对以 CPC 方式结算的媒体提供数据依据。

（2）CPA：广告投放金额/所投的广告带来的激活用户数，获得激活用户成本，并对以 CPA 方式结算的媒体提供数据依据。

（3）CPR：广告投放金额/所投的广告带来的注册用户数，注册用户更能代表一个实际游戏用户，因此以 CPR 作为广告带来的用户成本较为客观。

（4）ROI：充值金额/投放金额×100%。表示广告投放的投入产出情况，该数据能直观反映游戏投放效果。

（5）激活转注册比率：注册量/激活量×100%，根据用户转化情况，能帮助相关人员发现游戏问题，也能了解不同媒体的用户转化差异。

5.3.3 数据来源

要监控广告效果，需要在广告投放前生成不同媒体对应的广告监控代码，并添加广告监控代码。添加广告监控代码的方式概括起来主要分为两种：一种是有安装包，可以在安装包里添加统计代码（端游客户端也可以理解成有安装包）；另一种无安装包，比如 iTunes 上的 App，只有一个安装包，就无法在包里添加统计代码，这时候可以用服务器交互的方式进行激活统计。

我们用 channelid（渠道 ID）方式区分是否有无安装包：有 channelid 表示有安装包；无 channelid 表示没有安装包，一般有积分墙和硬广投放两种模式，详情如下。

（1）Android 渠道分发包（有安装包），给每个渠道不同的 Android 包，其中按携带不同的 channelid 来区分登录、消耗来自哪个渠道，按照 CPS 分成，也有部分按照 CPA 分成。

（2）积分墙模式（无安装包），iOS 包多用这种模式，少量 Android 包也有。玩家下载游戏后对方通知我们（包含 IP、用户硬件信息比如 iOS 的 IDFA），玩家安装登录后，我们通知积分墙方，告知玩家登录成功。一般积分墙那边收到通知会给用户发放虚拟奖品。最后结算，按照每个用户多少钱给对方付款。

（3）硬广投放模式（无安装包），iOS 包有强需求，Android 包需求不多。给广告商一个下载链接（链接里可以区分游戏和广告位），玩家点击链接触发请求（我们在这个过程里可以采集到用户 IP），这个请求会返回实际的 AppStore 下载地址让玩家下载。用户下载后登录，这个过程我们会采集到实际玩家的 IP。和刚才链接跳转的 IP 进行匹配，模糊计算这次广告投放带来的用户量。

以上三种分别是用 channelid 区分、硬件信息区分、IP 区分，其中 IP 区分最不精确。channelid 字段在登录消耗业务里本就携带，一一对应，计算简单。硬件信息区分需要和对方硬件信息匹配，计算略复杂但还算精确。IP 区分还要再多考虑过滤、匹配度上的问题。

现以百度关键字为例，针对来源数据统计并汇总广告投放各项指标的基础数据，如表 5-9 所示。

在百度关键字 7 天内共投放金额 69 416 元，CPC（点击成本）2.2 元，CPA（激活量成本）134.53 元，CPR 单个注册用户的成本 177.08 元，ROI（投资回报率）4.58%。激活转化率为 75.97%，考虑到"激活用户→注册"有一定的转化，转化率为 76%，注册用户更能代表游戏的真实用户，因此本节将以 CPR 作为用户成本指标，对各次投放进行横向对比和分析。

表 5-9

		总　计	第 1 天	第 2 天	第 3 天	第 4 天	第 5 天	第 6 天	第 7 天
百度关键字	投放金额	69 416	10 135	10 002	9 960	9 834	9 780	10 003	9 701
	点击量	31 299	2137	4250	4969	5014	4952	4929	5048
	激活量	516	85	77	70	71	73	74	66
	注册量	392	64	67	52	53	58	55	43
	DAU	1 453	169	196	192	201	212	239	244
	充值金额	3 176	632	614	1142	42	222	302	222
	充值人数	86	12	23	16	3	12	12	8
	CPC	2.22	4.74	2.35	2.00	1.96	1.98	2.03	1.92
	CPA	134.53	119.23	129.90	142.29	138.51	133.98	135.18	146.99
	CPR	177.08	158.36	149.29	191.54	185.55	168.63	181.88	225.61
	激活转注册率	75.97%	75.29%	87.01%	74.29%	74.65%	79.45%	74.32%	65.15%
	ROI	4.58%	6.24%	6.14%	11.47%	0.43%	2.27%	3.02%	2.29%

注释：

① 因广告媒体带来的新用户的充值人数和充值金额会随着时间的推移而产生变化，因此，在做每日数据监控时，需要更新从广告投放第 1 天至统计截止日期的数据，不只是补充最新一天的数据。比如，第 1 天广告投放共带来注册用户 64 人，当天的充值人数是 6 人，到第 2 天，这 64 人注册用户的充值人数增加到 10 人，到第 7 天，增加到 12 人，且充值金额也随着充值人数的变化而变化，因此，如果不更新广告投放第 1 天至统计截止日期的数据，则会出现数据统计不全，数据不准确的情况。

② 百度关键字的点击量从百度提供的数据查询后台获得。

5.3.4　分析过程和结论

1. 广告投放金额分配

《游戏 A》共进行 4 拨市场投放，投放的媒体几乎涵盖所有分类，涉及搜索类、小说&动漫类、手机媒体、手机市场、端游广告、联盟广告、CPA 广告、iOS（ASO 关键字优化）、新闻客户端和视频类，总共覆盖 73 个媒体。

我们先了解各媒体总的投放金额分配，对广告投放基础数据基于媒体类型维度进行汇总，可得到各个媒体的投放金额，如图 5-18 所示。

CPA 投放占比最高，为 21%，其次是联盟广告、搜索媒体和手机媒体，分别占 19%、15%、12%。

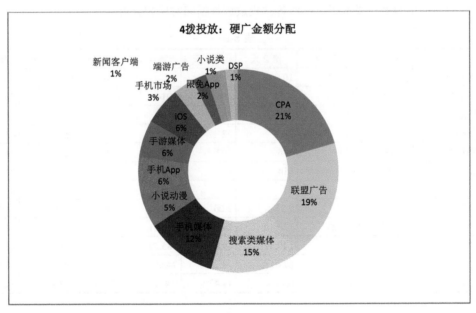

图 5-18

再看各个平台的投放金额分配情况，《游戏 A》4 拨市场投放的媒体中，有 PC 端和移动端广告，移动端广告又分 iOS 和 Android。如图 5-19 所示，PC 端和移动端的广告投放金额占比为 27%、73%，其中移动端广告中 iOS 占 99%、Android 占 1%。

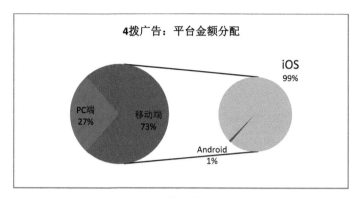

图 5-19

最后再看看各个广告节点在不同媒体的投放金额。

如表 5-10 所示，4 拨投放中各个媒体的投放金额分配均有不同。第 1 拨投放以手机媒体为主，第 2 拨投放以 CPA 为主，第三拨投放以手游媒体为主，第 4 拨投放以 CPA 为主。

4 拨投放累计投放金额 1430 万元（指能监控到广告数据的投放金额），第 1 拨至第 4 拨的投放金额分配占比分别为 32%、19%、17% 和 32%。第 1 拨和第 4 拨分别是游戏的开测和公测点，因此投放金额相对较高。

表 5-10

媒体类别	4 拨投放金额占比				
	第 1 拨	第 2 拨	第 3 拨	第 4 拨	总占比
CPA	0%	**44%**	17%	**28%**	**21%**
联盟广告	31%	13%	7%	18%	19%
搜索类媒体	12%	6%	18%	21%	14%
手机媒体	**36%**	0%	0%	0%	12%
小说动漫	0%	17%	11%	0%	5%
手机 App	0%	0%	0%	19%	6%
手游媒体	0%	13%	**22%**	0%	6%
iOS	0%	7%	12%	8%	6%
手机市场	11%	0%	0%	0%	3%
端游广告	7%	0%	0%	0%	2%
限免 App	0%	0%	0%	6%	2%
新闻客户端	0%	0%	9%	0%	1%
小说类	4%	0%	0%	0%	1%
视频类	0%	0%	4%	0%	1%
所有媒体	**32%**	**19%**	**17%**	**32%**	**100%**

2. CPR 和 ROI 对比

新用户成本和投资回报率是衡量市场投放效果的重要指标，下面将 4 拨投放的 ROI 和 CPR 数据进行横向对比，也将 4 拨总体投放数据和其他游戏进行横向对比，由此来判断每一拨投放和总体的投放效果。

《游戏 A》若包含 CPA 和 CPC 媒体，ROI 为 66%，CPR 为 15 元；若不包含 CPA 和 CPC 媒体，ROI 为 63%，CPR 为 50 元。

和《游戏 B》相比，《游戏 A》的投放效果较好，ROI 高 4%，CRP（注册用户成本）减少一半。

如表 5-11 所示。

表 5-11

游戏	投放节点	投放周期	总投放金额	ROI（含 CPA、CPC）	ROI（不含 CPA、CPC）	CPR（含 CPA、CPC）	CPR（不含 CPA、CPC）
游戏 A	第 1～4 拨	49 天	14 311 310	66.09%	63.00%	15	50
	第 1 拨	9 天	4 606 678	30.20%	30%	106	160
	第 2 拨	14 天	2 702 606	131.80%	132%	23	59
	第 3 拨	13 天	2 415 170	51.70%	52%	23	49
	第 4 拨	13 天	4 586 856	71.00%	40%	5	67
游戏 B	第 1～3 拨	33 天	7 955 750	62.30%	55%	30	70

说明：以上数据中投放金额仅包含能监控到数据的媒体，其中还有 AdMob、ASO 关键字优化、热搜榜、网易新闻客户端、力美、舜天、云联、璧合媒体的数据无法监控。

通过表 5-11 的明细数据，单独对比 ROI 数据，能很明显地看出第 2 拨市场投放效果最好，其 ROI 最高，为 132%，投放 14 天已收回成本，而第 1 拨效果最差，ROI 仅为 30%，如图 5-20 所示。

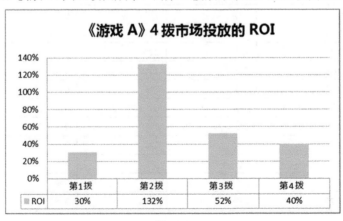

图 5-20

再单独对比 CPR 值，我们发现第四拨的 CPR 值最低，仅为 5 元，第一拨的 CPR 值最高，为 106 元。如图 5-21 所示。

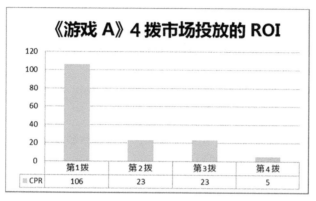

图 5-21

3. 新用户变化

除 ROI 和 CPR，广告带来的新用户数量也是广告投放的重要指标之一，即使 CPR 很低，ROI 很高，但新用户数量很少，其效果也谈不上好。广告带来新用户数量的增加，能增加游戏人气，能带动 iOS 和 Android 的榜单排名增长，榜单排名增长能吸引到更多的新用户，从而进一步增加游戏人气。

从《游戏 A》硬广投放金额的平台分配得知接近 73% 的市场投放金额用于 iOS 平台，广告带来的 iOS 用户数占总体 iOS 用户数的 50%（含积分墙）。说明广告带来 iOS 新用户数量较为可观。

将广告媒体带来的 iOS 新用户占所有 iOS 新用户比例画折线图，从图 5-22 可见，广告带来的 iOS 新用户比例较投放前 1 天提升 5%～15%。其中第 2 拨和第 4 拨的新用户上涨最为明显，和投放的媒体（以 CPA 为主）有关。广告投放期间 iOS 新用户整体上保持得较好。

图 5-22

因第 1 拨投放是在游戏上线第 1 天，故没有对比数据。

4. 市场投放策略

通过 CPR、ROI 和新用户数据，我们总结出第 2 拨的投放效果最好，数据表现为 ROI 最高，CPR 最低，iOS 新用户占比涨幅最高。主要因为第 2 拨在投放媒体的选择上和金额分配比例上，和其他 3 拨有所不同：

（1）对于第 1 拨投放效果较差的媒体，如手机市场和端游广告，在第 2 拨没有继续追加投放，节省了广告成本。

（2）第 2 拨首次尝试 CPA 媒体、小说动漫媒体、手游媒体和 iOS 平台，并将 44% 的投放金额用到了 CPA 媒体，CPA 媒体按激活用户数结算，用户成本较低，仅需要 3 元。新上的小说动漫媒体效果较好，ROI 超过 100%。

第 3 拨投放比第 2 拨投放效果差，主要原因：

（1）和第 2 拨的节点较近，遇到了流量的瓶颈，如百度关键字带来的用户量逐步下降。

（2）小说类、手机市场类和联盟类媒体的投放效果较第 2 拨大大减弱，代表媒体为追书神器、快乐合不拢嘴、宜搜看书和 InMobi，尤其是追书神器的 ROI 从第 2 拨的 380% 下降至 50%。根据数据结果，市场人员已停止了相关广告的投放，并将 ROI 下降相对缓慢的 InMobi 广告费用延至公测期间使用。如图 5-23 所示。

《游戏 A》整体投放效果高于《游戏 B》，主要原因：

（1）吸取了《游戏 B》《游戏 C》《游戏 D》的市场投放经验，对投放效果好的媒体重点投放，并尝试新媒体，4 拨投放总共覆盖媒体 73 个。

（2）每天监控硬广投放数据，如发现效果差的媒体及时联系对方，停止投放或让对方补量。

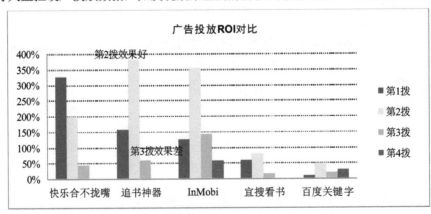

图 5-23

5. 分析结论

➢ 市场投放金额分配：

（1）市场投放共进行 4 拨，累计投放金额 1430 万元，开测和公测节点投放金额占总市场费用的 33%、31%。

（2）以 CPA 投放为主（占 21%），维持付费和免费榜单；联盟广告、搜索媒体和手机媒体为辅（分别占 19%、15%、12%），提升 ROI 和游戏热度。

➢ 投放策略：

（1）吸取《游戏 B》《游戏 C》《游戏 D》的市场投放经验，筛选效果较好的媒体进行延续投放，并不断尝试新媒体，4 拨投放总共覆盖媒体 73 个。

（2）每天监控硬广投放数据，分析各类媒体的特性和效果，如发现效果差的媒体及时联系对方，停止投放或让对方补量，对效果好的媒体追加其投放金额。

➢ 投放效果：

（1）4 拨投放，整体 ROI 为 63%，CPR 为 50 元（含积分墙媒体的整体 CPR 为 15 元）。其中第 2 拨的效果最好，ROI 达 132%，得益于投放媒体的选择和金额分配比例更为合适，以及联盟广告（InMobi、追书神器、快乐合不拢追）的高回报率。

（2）综合各媒体的投放金额、ROI 和 CPR 数据，精选 5 款低成本高回报的广告媒体，分别为：InMobi、追书神器、百度贴吧、快乐合不拢嘴和点入。

（3）广告投放平台以 iOS 为主，iOS 新用户数量较为可观且保持得较好。从历次市场投放效果来看，广告带来的 iOS 新用户比例较投放前提升 5%～15%。

5.3.5　小结

通过以上广告投放效果的分析，我们知道了每个节点和媒体的投放金额分配，哪一拨的投放效果最好，哪几拨的效果不好，效果不好的原因是什么，对于效果好或者不好的媒体，我们应该给市场人员什么建议，使得投放效果最大化。

此外，以上案例只得出了部分结论，更多结论需要分析师自己去思考、去分析。

5.4　案例：用户手机机型分布分析

分析用户所用手机机型，有两个重要的作用：一方面是了解各游戏的手机设备和系统构成，根据不同游戏的设备占比、系统占比，可以得出某些类型游戏设备的用户偏爱什么类型的游戏；另一方面是获得手游用户当季的主流机型的硬件配置，作为研发项目兼容性测试的必过机型，替代原先的兼容性方法，从而提高产品质量（原先的方法：按当季市场的主流机型的硬件配置进行测试，对于兼容性测试的帮助不够显著）。

下面将以 2015 年第 4 季度至 2016 第 1 季度的 8 款手游为样本，分析手机设备、品牌、机型分布、操作系统和运行内存分布。

5.4.1 分析方法概述

主要采用对比分析、分组分析、交叉分析方法。比较重要的分析指标如下。

（1）设备平台分布：通过手机设备平台数据可得知不同平台（Android 和 iOS）的用户占比。进一步细分可获得不同游戏的 iOS 越狱用户占比差异。

（2）手机品牌、型号分布：获得玩家使用的主流手机品牌和型号，作为研发项目兼容性测试的必过机型。也能了解当前主要手机厂商的游戏用户数量，某些手机品牌的用户偏爱什么类型的游戏，为后续的深入合作提供数据支持。

（3）操作系统版本分布：为研发项目兼容性测试提供参考，和手机型号关联可了解有多少玩家没有更新操作系统。

（4）运行内存分布：了解玩家手机配置，与游戏要求的最低内存对比后，可以发现运行该游戏可能会遇到困难的用户数量和占比。

5.4.2 数据来源

硬件信息来源分两种，一种渠道包模式，另一种是积分墙模式。渠道包模式是游戏 App 通过官方渠道 SDK 采集上报上来；积分墙模式是对方通知我们玩家下载（包含 IP、用户硬件信息，如 iOS 的 IDFA）、安装登录后，我们通知积分墙方，告知玩家登录成功。

通过以上两种方式采集到的数据包含手机设备的来源游戏、来源渠道、设备号、操作系统、手机品牌、手机型号、运行内存、手机存储内存、分辨率等。

对照分析指标，对来源数据分别进行聚合处理后，可得到以下基础数据。

（1）设备平台基础数据（见表 5-12）

表 5-12

游戏	Android 设备量	iOS 设备量	iOS 越狱设备量	Tian Tian 模拟器数量	所有模拟器数量	设备总量
游戏 A	1 277 070	1 784 236	356 847	18 032	36 128	3 061 306
游戏 B	134 754	144 322	46 046	342	1 282	279 076
游戏 C	438 042	432 452	86 490	6 976	13 202	870 494
游戏 D	460 088	258 552	33 612	134	1 080	718 640
游戏 E	4 637 176	2 354 950	353 243	6 436	13 834	6 992 126
游戏 F	743 006	306 230	118 945	3 424	7 950	1 049 236

续表

游戏	Android 设备量	iOS 设备量	iOS 越狱设备量	Tian Tian 模拟器数量	所有模拟器数量	设备总量
游戏 G	3 828 828	858 708	295 806	14 582	35 346	4 687 536
游戏 H	229 196	35 952	14 805	242	686	265 148

说明：所有模拟器包含了 4 款模拟器：蓝手指 Android 模拟器、TianTian 模拟器 、iTools 模拟器、海马玩模拟器。

模拟器属于机型内的一种，但为了便于对比，将该结果汇总至以上表格。

（2）机型基础数据（见表 5-13）

表 5-13

游　戏	手机品牌	手机型号	数　　量
A	小米	小米 4LTE	82 755
A	小米	小米 Note LTE	36 996
A	小米	小米 3	35 409
B	小米	红米 Note 1LTE	32 529
B	小米	红米 Note 1S	29 283
C	魅族	魅族 MX4	28 353
D	魅族	魅族 M2 Note	28 020
E	魅族	魅族 M1 Note	27 735

（3）其他

其他数据的统计方法和前面两条类似，此处不再一一列举。

5.4.3 分析过程和结论

1. 手机设备平台

用户手机的设备平台分布同样反映不同平台的用户占比。我们先从整体上了解平台用户的情况。

如图 5-24 所示，主要手游历史数据中，iOS 和 Android 设备占比为 35∶65，其中越狱渠道在 iOS 游戏用户来源中占 24%。通过以下手游用户来源分布数据，从而得知 Android 和 iOS 的用户占比为 65∶35。

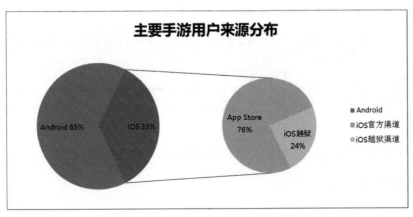

图 5-24

再了解各个游戏设备平台的比例。

游戏 iOS 设备的占比同样反映游戏 iOS 用户占比。将不同游戏对比，可发现差异并分析其原因。

如图 5-25 所示，《游戏 A》的 iOS 设备占比最高，为 58%；《游戏 G》和《游戏 H》的 iOS 设备占比较低，分别为 18%、14%。

通过不同游戏的横向对比数据，得知《游戏 A》《游戏 B》《游戏 C》的 iOS 用户占比较高，高出整体平均值，可能和市场投放策略有关，以 iOS 投放为主。而《游戏 G》和《游戏 H》的 iOS 用户占比较低，可能和 Android 渠道的配合度更高。

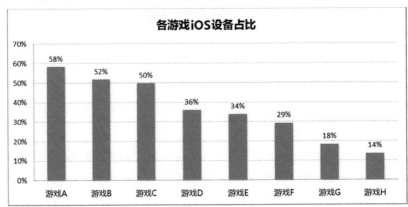

图 5-25

iOS 越狱设备的占比一方面能反映 iOS 越狱渠道的用户量，结合游戏上线时间，可以了解越狱用户的总体趋势。

通过图 5-26 的数据发现，越狱用户占比和游戏上线时间成反比，和中国越狱用户整体趋势下降有关（自苹果步入 iOS 7 时代后，用户的越狱需求就开始减少）。

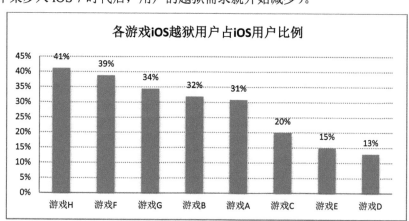

图 5-26

2. 机型分布

玩家使用的主流手机品牌和型号，可作为研发项目兼容性测试的必过机型。也能了解当前主要手机厂商的游戏用户数量，某些手机品牌的用户偏爱什么类型的游戏，为后续的深入合作提供数据支持。

图 5-27 为设备数量排名前 20 的机型，小米 4LTE 机型数量最多。

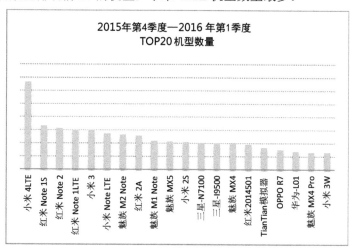

图 5-27

将 TOP20 机型对应的品牌数据聚合求和，如图 5-28 所示，小米手机品牌占据 61%，其次是魅族，占 21%。

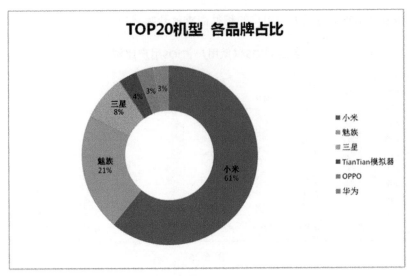

图 5-28

对比不同游戏的 TOP10 机型，可以看出《游戏 C》的 TOP10 机型中，Android 模拟器占了 3 个。说明《游戏 C》中使用模拟器挂机的用户很多。如表 5-14 所示。

表 5-14

TOP10	游戏 A	游戏 E	游戏 C	游戏 G	游戏 F	游戏 B	游戏 D
1	小米 4LTE	小米 4LTE	TianTian 模拟器	小米 4LTE	小米 4LTE	小米 4LTE	小米 4LTE
2	小米 Note LTE	红米 Note 1S	iTools 模拟器	三星-I9500	魅族 M2 Note	小米 3	小米 3
3	小米 3	红米 Note 2	三星-I9500	红米 Note 1S	红米 Note 1LTE	红米 Note 1S	魅族 MX4
4	红米 Note 1LTE	魅族 M2 Note	三星-G900F	红米 2A	红米 Note 1S	红米 2A	红米 NOTE 1S
5	红米 Note 1S	红米 2A	三星-N7100	红米 Note 2	魅族 M1 Note	红米 Note 2	魅族 M1 Note
6	魅族 MX4	小米 3	小米 4LTE	红米 NOTE 1LTE	iTools 模型器	魅族 M1 Note	三星-G900F
7	魅族 M2 Note	三星-N7100	红米 Note 2	小米 3	魅族 MX5	小米 3	红米 Note 1LTE
8	魅族 M1 note	红米 Note 1LTE	海马玩模拟器	三星-N7100	红米 2014501	三星-N7100	红米 2014501
9	红米 Note 2	魅族 M1 Note	小米 3	红米 2014501	小米 3	红米 2014501	小米 3
10	魅族 MX5	小米 Note LTE	红米 Note 1S	TianTian 模拟器	魅族 MX4	TianTian 模拟器	魅族 MX4

对上面的表格按不同游戏的机型汇总，得出不同机型的重合度，如图 5-29 所示。

在 8 款游戏 TOP10 机型中，重合度最高的是小米机型，其中小米 4LTE、小米 3 和红米 Note2 的机型重合率接近 100%。

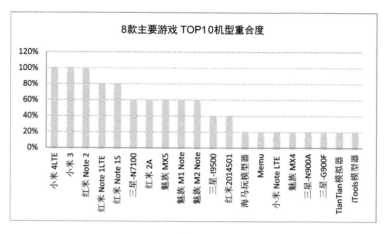

图 5-29

在玩家的机型数据中，有一部分用户的机型是 Android 模拟器，说明这些玩家是通过模拟器登录的。使用模拟器的比例能反映用户挂机的比例，Android 横向对比后能突显游戏用户的挂机程度。

在 8 款游戏中，约有 1%的用户使用 Android 模拟器，其中 Tian Tian 模拟器的使用量超出一半。

《游戏 C》《游戏 A》使用 Android 模拟器的比例最高，分别为 1.5%、1.2%。和游戏实际情况结合得出，《游戏 C》用户使用模拟器是为了挂机；《游戏 A》则是因为手机耗电问题相对严重。

如图 5-30 所示。

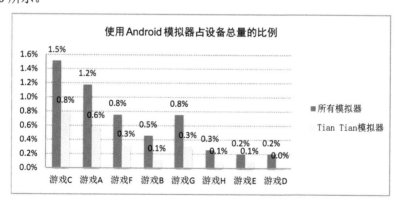

图 5-30

注：图 5-30 中的所有模拟器包含蓝手指 Android 模拟器、Tian Tian 模拟器、iTools 模拟器、海马玩模拟器。

3. 操作系统版本分布

手机操作系统同样能为研发项目兼容性测试提供参考，和手机型号关联可了解有多少玩家的手机已经更新到最新的操作系统，有多少玩家还需要更新操作系统。考虑到和手机型号关联的操作系统太细，此处不一一列举，重点了解玩家手机操作系统的分布。

从图 5-31 可见，在 Android 操作系统中，Android4.4 版本占比近 5 成。

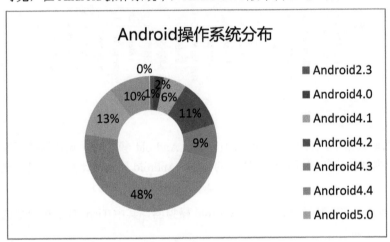

图 5-31

从图 5-32 可见，iOS 8.0 以上操作系统占 84%。

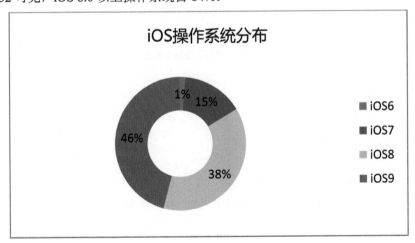

图 5-32

从各游戏看，《游戏 E》和《游戏 C》的 iOS 系统版本最新，《游戏 A》的 Android 版本最新。如图 5-33 和图 5-34 所示。

图 5-33

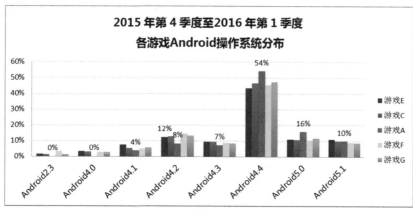

图 5-34

4．运行内存分布

将玩家手机运行内存和游戏要求的最低内存对比，可以发现运行该游戏可能会遇到困难的用户数量和占比。

先从整体情况看，2GB 及以上内存占比超过 6 成。如图 5-35 所示。

再看各游戏的情况，《游戏 A》的用户手机内存相对较高，但 1GB 内存设备比例仍占 24%，因 1GB 内存运行游戏较为困难，也就是 Android 用户中，约有 24%的用户运行游戏会遇到困难。如图 5-36 所示。

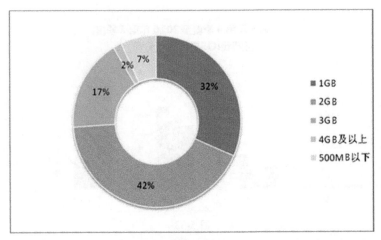

图 5-35

说明：1GB 内存指内存在（500MB，1024MB]范围内，2GB 内存指内存在（1024MB，2048MB）之间。依次类推。

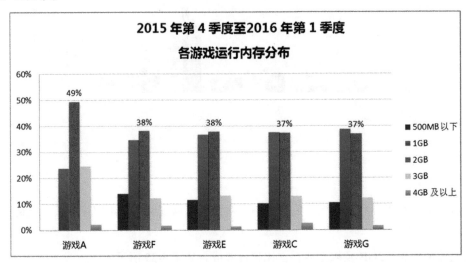

图 5-36

各游戏中排名最高的机型小米 4LTE 中，《游戏 A》的运行内存最高，和该游戏要求的用户手机配置较高有关，如图 5-37 所示。

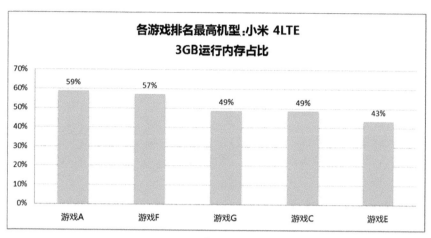

图 5-37

5. 分析结论

- 手机设备平台

（1）在公司主要手游历史数据中，iOS 设备占 35%，其中越狱渠道在 iOS 游戏用户来源中占 24%。《游戏 A》的 iOS 设备占比最高，为 58%；《游戏 G》和《游戏 H》的 iOS 设备占比较低，分别为 18%、14%。

（2）除了挂机类游戏外，越狱用户占 iOS 用户的比例与游戏上线时间成反比关系，和中国越狱用户整体趋势下降有关（自苹果步入 iOS 7 时代后，用户的越狱需求逐渐减少）。

（3）《游戏 C》《游戏 A》使用 Android 模拟器的比例较高，分别为 1.5%、1.2%。《游戏 C》用户使用模拟器是为了挂机；而《游戏 A》则是因为手机耗电问题相对严重。模拟器中 TianTian 模拟器的使用率最高。

- 2015 年第 4 季度至 2016 年第 1 季度手机设备信息

（1）机型分布

小米 4LTE 机型数量最多。各游戏 TOP10 机型中，小米 4LTE、小米 3 和红米 Note2 的重合度最高。

《游戏 C》的 TOP10 机型中，Android 模拟器占了 3 个。说明《游戏 C》用户中使用模拟器挂机的比例较高。

（2）系统版本分布

Android 4.4 和 iOS9 为主流系统，版本份额分别占 48%、46%。从各游戏看，《游戏 A》和《游戏 B》的 iOS 系统版本最新，《游戏 C》的 Android 版本最新。

（3）运行内存分布

2GB 及以上内存占比 6 成，各游戏中，《游戏 A》用户手机内存整体上高于其他游戏，但由于该游戏对手机性能要求相对较高，约有 24% 的 1GB 内存用户运行游戏时会遇到困难。

5.4.4　小结

机型分布分析通过对设备平台、品牌型号、系统版本、运行内存等方面的对比，提供给研发、测试、运营等各方人员一个机型关注度参考，从而在各项工作中达到有的放矢、精确命中、减少浪费的效果。

机型分布分析的主要方法是数据分布对比，因而一般涉及汇总、求和以及求百分比过程，并依据这类数据创建对比类图形，从而直观展现各类数据的对比关系。

第 6 章
公测期用户分析

对于游戏运营人员来说，最关注的数据是每天来了多少人，留下了多少人，有多少人走了。来了多少人是指新用户，留下了多少人是指活跃用户，走了多少人是指流失用户。当流失的用户数高于新用户数时，活跃用户就会越来越少。就好比一个水池，流出去的水比进来的水多，那池子里面的水就会越来越少。不免会有人问，游戏运营人员最关注的不是收入吗，为什么是用户呢？因为只要有用户在，收入就不成问题，如果用户走了，那么再好的游戏，再好的活动也只是无米之炊。因此，当游戏的收入或人数下降时，我们首先想到的就是用户是否流失了，这时候就需要对用户进行分析。本章将主要从预订用户转化、活跃用户细分和流失原因分析三大块内容进行分析。其中：

- 预订用户转化，主要分析预订用户中有多少人登录了游戏，这些用户的来源以及质量如何，预订用户是公测用户的重要组成部分。
- 活跃用户细分，更好地了解用户并满足用户需求，使游戏运营活动做到有的放矢，以提高游戏的盈利能力，推动收入的增长。
- 流失原因分析，通过数据帮助研发人员还原用户在流失前游戏体验的场景和心理过程。最后，结合客观事实和业务理解指定落地的解决方案，尽可能地减少用户流失。

6.1　用户流失原因分析

流失用户分析的方法有很多，常见的方法有流失等级分布、等级停滞率、分渠道和平台的留存率对比、主线任务持有率。除了常用的方法，我们在第 4 章游戏封测期对玩家最后一次行为进行了分析，找到了玩家的主要流失点。在游戏公测期，用户样本量成几何倍数增长，对用户的分类及特征分析有更多的数据支持，其结果更具参考性。本章我们将从合理定义流失用户、客户端卸载原因和 5W1H 分析法来分析流失用户，并且用聚类分析对活跃用户进行细分，其目标在于更好地了解用户并满足用户需求，使游戏运营活动做到有的放矢，以提高游戏的盈利能力，推动收入的增长。

下面列举 6 个案例，分别从不同的角度对用户流失原因进行分析。

6.1.1　案例 1：合理定义流失用户

> ➤ 怎样合理定义用户流失

关于流失用户，我们首先想到的是选择怎样的时间跨度才能准确定义某玩家是一个流失用户。通常在游戏中，会有对流失玩家召回的活动，假如流失玩家的流失期限定义太短，比如 3 天未登录游戏即算流失，这样虽然能够覆盖更多的真实流失玩家，但同时也会对许多非真实流失玩家，在召回活动中大量发放奖励，不仅浪费资源，也破坏了一定的游戏平衡性；假如流失玩家的流失期限定义太长，比如 60 天未登录游戏即算流失，这样覆盖全部真实流失玩家的比例较低，召回活动显得没有太大的意义。所以玩家流失多久才能定义为流失玩家至关重要。在这里我们先介绍一下流失用户回归率及拐点理论。

> ➤ 流失用户回归率

流失用户回归主要指流失之后的用户再次登录游戏，根据回归用户数可以计算得到用户回访率，即：

$$流失用户回归率 = 回归用户数 \div 流失用户数 \times 100\%$$

流失用户回归率在流失用户定义合理的情形下，通常数值比较低，移动游戏的用户回归率通常在 5% 以下。用户流失的流失期限长度与流失用户回归率通常成反比，即随着流失期增大，流失用户回归率递减，并逐渐趋近于 0。

> ➤ 拐点理论

X 轴上数值的增加会带来 Y 轴数值大幅增益（减益），直到超过某个点之后，当 X 增加时 Y 的数据增益（减益）大幅下降，即经济学里面的边际收益的大幅减少，那个点就是图表中的"拐点"。

假设我们以 1 天为单位定义用户流失期限，即用户某日登录游戏，在此后 1 天内没有继续登录，我们就认为它已流失；再假设以 3 天为单位，那么在用户某日登录游戏，在此之后 3 天内没有继续登录游戏，我们就认为它已流失。以此类推，我们也可以以周为单位。图 6-1 是以 3 天为单位的流失用户回归率曲线，可以看到，当流失期限超过 15 天的时候，曲线逐渐平滑，那么我们可以认为当一个玩家连续 15 天没有登录游戏时，即判断它已经流失。

> ➤《全民×××》用户流失期限确定

我们可以将上述方法应用到《全民×××》游戏中，来确定该游戏的用户流失期限。随机选取 3 个时间点的登录用户，观察他们连续 1 天不登录、连续 2 天不登录、连续 3 天不登录直至连续 30 天不登录的流失回归率数据。在这里我们选取 5 月 1 日、6 月 1 日、7 月 1 日的登录用户，分别计算他们在不同流失天数的流失回归率，具体数据见表 6-1。

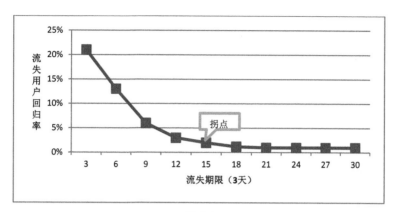

图 6-1

表 6-1

流失期限（天数）	5月1日 流失用户回归率	6月1日 流失用户回归率	7月1日 流失用户回归率
1	62.8%	62.8%	56.9%
2	53.9%	48.6%	51.6%
3	49.3%	40.1%	42.9%
4	46.6%	35.1%	36.9%
5	42.0%	30.9%	33.2%
6	34.2%	26.9%	29.2%
7	29.7%	25.4%	26.1%
8	28.0%	21.9%	23.7%
9	26.5%	20.3%	22.0%
10	25.2%	18.9%	20.5%
11	24.0%	17.6%	19.3%
12	22.8%	17.0%	18.0%
13	18.7%	16.1%	15.6%
14	17.5%	15.2%	14.3%
15	16.4%	13.8%	13.2%
16	16.2%	11.9%	12.3%
17	16.0%	10.7%	12.0%
18	14.9%	10.2%	11.8%
19	14.3%	9.9%	11.1%
20	12.8%	9.9%	10.7%
21	11.8%	9.9%	10.6%
22	11.1%	9.4%	10.2%
23	10.5%	9.1%	9.7%

流失期限（天数）	5月1日 流失用户回归率	6月1日 流失用户回归率	7月1日 流失用户回归率
24	10.5%	8.9%	9.3%
25	10.5%	8.4%	8.9%
26	10.3%	8.4%	8.8%
27	9.9%	8.4%	8.8%
28	9.7%	8.4%	8.8%
29	9.5%	7.6%	8.0%
30	9.2%	6.7%	8.0%

图 6-2、图 6-3 和图 6-4 分别为 3 个随机日期登录用户的流失回归率曲线，从中我们可以看到 5 月 1 日登录用户的曲线拐点发生在第 21 天，6 月 1 日登录用户的曲线拐点发生在第 18 天，7 月 1 日登录用户的曲线拐点发生在第 19 天，因此我们可以认为将 3 周定义为该游戏玩家的流失周期是合理的，即玩家 3 周不登录游戏，即认定为流失。

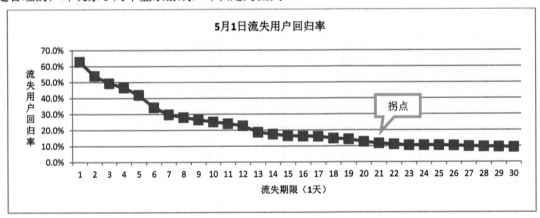

图 6-2

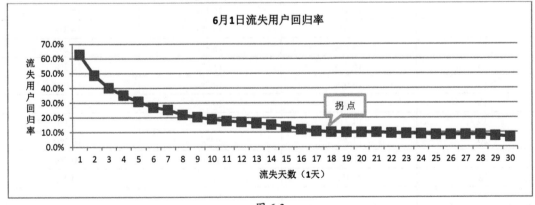

图 6-3

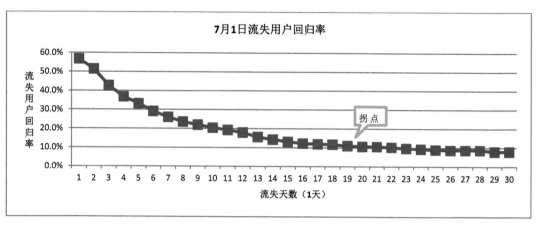

图 6-4

那我们不禁要问，是不是所有游戏的玩家流失周期都是类似的呢？下面我们再看一下另一款动作卡牌游戏《天天×××》。同样我们随机选取 3 个时间点的登录玩家，在这里我们选取 7 月 15 日、7 月 25 日、8 月 5 日登录的玩家，观察他们连续 1 天、连续 2 天直至连续 30 天不登录的流失回归率，见表 6-2。

表 6-2

流失期限（天数）	7 月 15 日 流失用户回归率	7 月 25 日 流失用户回归率	8 月 5 日 流失用户回归率
1	53.1%	37.3%	47.0%
2	37.0%	21.5%	29.0%
3	26.1%	16.2%	20.6%
4	21.6%	13.3%	16.4%
5	18.5%	11.2%	13.8%
6	12.4%	8.8%	11.7%
7	7.8%	7.2%	9.8%
8	5.1%	6.3%	7.6%
9	4.4%	5.7%	6.4%
10	3.3%	5.3%	6.2%
11	2.9%	4.9%	5.6%
12	2.4%	4.4%	5.4%
13	2.3%	3.7%	5.1%
14	1.8%	3.4%	4.7%
15	1.8%	3.1%	4.5%
16	1.6%	3.1%	4.5%
17	1.3%	2.9%	4.3%

流失期限（天数）	7月15日 流失用户回归率	7月25日 流失用户回归率	8月5日 流失用户回归率
18	1.2%	2.7%	3.4%
19	1.2%	2.6%	3.2%
20	0.8%	2.6%	3.0%
21	0.7%	2.6%	2.8%
22	0.7%	2.4%	2.3%
23	0.6%	2.3%	2.1%
24	0.5%	2.2%	2.1%
25	0.5%	2.2%	2.1%
26	0.5%	2.0%	1.6%
27	0.5%	2.0%	1.6%
28	0.5%	1.9%	1.6%
29	0.5%	1.9%	1.4%
30	0.5%	1.9%	1.4%

图 6-5、图 6-6 和图 6-7 为《天天×××》3 个时间点的流失用户回归率曲线图，从图中可以看到，3 个时间点的拐点分别产生在第 9 天、第 10 天、第 10 天，我们可以认为该游戏的用户流失周期为 10 天，即玩家 10 天不登录游戏就可认定为流失。

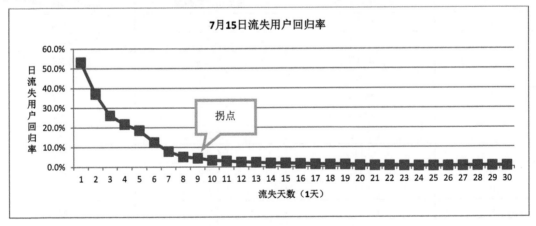

图 6-5

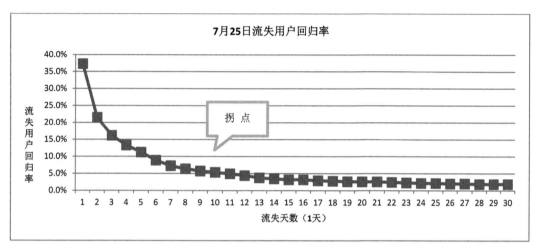

图 6-6

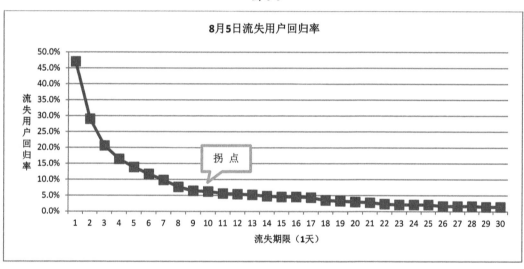

图 6-7

从以上两款游戏的流失回归率拐点我们可以看到，不同游戏的玩家流失期限还是有很大差异的。该方法可以从游戏发行开始持续跟踪玩家的流失期限，随着时间的推移，在游戏不同的生命周期阶段，玩家的流失回归率也可能存在一定差异，这里笔者不再继续讨论下去，如果有读者感兴趣，可以应用该方法跟踪游戏不同时间段的玩家流失期限。

6.1.2　案例 2：玩家等级副本流失分析

谈到玩家流失分析，我们要关心的问题有流失用户分布在哪些等级？是不是副本难度造成了玩家流失？玩家在哪些副本流失的人数最多？我们可以很容易拿到玩家的流失等级分布数据，如

图 6-8 所示，从《全民×××》的流失等级分布图我们可以看到，前面几级的流失人数是最多的，30～40 级流失玩家人数又开始缓慢回升，40 级是分水岭，40 级之后高等级的玩家流失快速下降。

前面几级不必多说，不管什么类型的游戏，对新进玩家来讲，前面几级的流失人数都是的最高的，可能出于对游戏风格的喜好、可能渠道带来的质量比较差，可能游戏新手引导阶段易用性较差，等等。

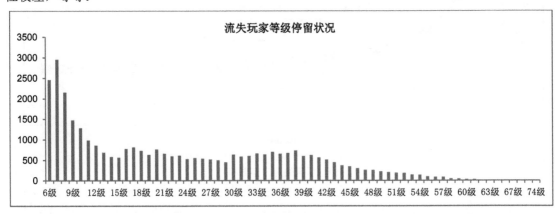

图 6-8

那玩家流失跟副本的关系有多少呢，下面我们可以看看不同等级的流失玩家停留在哪些副本（见表 6-3）；从表中数据我们可以看到，第 1 个副本 4 级玩家停留最多，第 3 个副本 5 级玩家停留最多，第 7 个副本 6 级玩家停留最多，以此类推，不同等级玩家在哪些副本停留状况都可以明显地看到。那么我们可以进一步思考是不是某些副本的难度太高了呢！表 6-4 展示的是不同等级玩家的副本通过率。副本通过率一方面能够反映副本难度符不符合当初的预期，例如 10 级玩家原本应该顺利通过副本 10 到 13，结果数据发现 10 级玩家在这几个副本中通过率不高，那么这时候应该对副本难度进行调节；另一方面通过副本通过率可以确认某一副本某一等级的大量流失玩家停留是不是由于副本难度造成的。例如表 6-3 中 7 级流失玩家在副本 11 停留人数最多，达 255 人，我们可以从表 6-4 查看该等级段玩家在该副本的通过率情况，如果不符合预期，相对周边副本通过率确实较低，那降低副本难度将有助于降低玩家流失。

表 6-3

副本 ID	停留角色数	4 级	5 级	6 级	7 级	8 级	……
1	1220	949	71	86	78	12	
2	785	540	64	70	62	22	
3	1896	1	1602	142	77	34	
4	725		480	92	80	26	
5	530		301	52	98	25	
6	477		15	267	101	29	

续表

副本 ID	停留角色数	4 级	5 级	6 级	7 级	8 级	……
7	612			360	108	67	
8	294			138	60	36	
9	302			106	85	43	
10	258			2	127	58	
11	456				255	89	
12	208				99	52	
13	180				63	51	
14	271				139	60	
15	381					211	
16	247					111	
17	255					114	
18	239					95	
19	285			1		108	
20	166					23	
……							

表 6-4

副本 ID	开启副本角色数	成功完成角色数	副本通过率	4 级通过率	5 级通过率	6 级通过率	7 级通过率	8 级通过率	……
1	1237	1209	98%	96%	97%	98%	99%	99%	
2	802	775	97%	96%	98%	97%	100%	100%	
3	1913	1857	97%		97%	99%	96%	99%	
4	742	714	96%		97%	94%	96%	99%	
5	547	523	96%		95%	95%	99%	96%	
6	494	477	97%		93%	98%	93%	100%	
7	629	601	96%			95%	96%	96%	
8	311	303	97%			99%	97%	98%	
9	319	302	95%			92%	92%	100%	
10	275	264	96%			94%	97%	94%	
11	473	435	92%				92%	91%	
12	225	210	93%				93%	95%	
13	197	188	95%				95%	97%	
14	288	268	93%				94%	93%	
15	398	384	96%					98%	
16	264	247	94%					94%	
17	272	247	91%					93%	

续表

副本ID	开启副本角色数	成功完成角色数	副本通过率	4级通过率	5级通过率	6级通过率	7级通过率	8级通过率	......
18	256	241	94%					96%	
19	302	279	92%			100%		91%	
20	183	171	93%					93%	
......									

6.1.3 案例3：流失率与当前等级流失率分析

怎样降低玩家的流失率，提升留存率，是我们每一个运营人员不得不面对的问题，更多的留存意味着更多的活跃，更多的活跃意味着更多的潜在付费玩家；另外更多的留存也决定着游戏的品质，影响渠道商是否愿意为之推广。

对流失等级的判断是我们通常能想到的，玩家在哪些等级容易流失，可以从两个角度去分析思考，一是流失等级分布，二是当前等级流失；流失等级分布可以看出玩家在哪些等级流失人数最多，当前等级流失率则反映的是该等级通过的难易程度；表 6-5 为《全民×××》新服的 3 日流失率，以及当前等级流失。从表中可以看出，前面 4 级的流失玩家最多，分别为24%、24%、10%、10%，而当前等级流失率分别为24%、32%、19%、24%，运营人员可以进入游戏，体验一下前面几级的流畅程度，是否存在流失点。另外我们单从当前等级流失率可以看到，13 级的等级流失率比较高，达到43%，但是流失率不高，为5%，这个时候我们也应该体验一下游戏，看玩家通过 13 级时是否真的有困难。总之，通过流失等级分布以及当前等级流失率我们可以确认游戏潜在的流失点。

表 6-5

等级	到达人数	流失人数	流失率	当前等级流失率
1	25000	6000	24%	24%
2	19000	6000	24%	32%
3	13000	2500	10%	19%
4	10500	2500	10%	24%
5	8000	1500	6%	19%
6	6500	1300	5%	20%
7	5200	1190	5%	23%
8	4010	90	0%	2%
9	3920	130	1%	3%
10	3790	190	1%	5%
11	3600	480	2%	13%
12	3120	320	1%	10%

等级	到达人数	流失人数	流失率	当前等级流失率
13	2800	1200	5%	43%
……	……	……	……	……

6.1.4　案例 4：等级付费转化率分析

等级付费转化率描述玩家在游戏进程中不同的等级阶段的付费转化情况，在哪些等级玩家容易产生付费，我们可以根据付费转化率高的等级来回顾玩家可能存在的游戏行为，并实施相应运营策略，提升付费。例如玩家在 10 级的时候付费转化率较高，付费意愿较强，玩家到达 10 级一般处在精英副本第三个关卡中，在玩家完成战斗后，我们可以调整付费宝箱策略，进一步吸引玩家付费。

等级付费转化率一般只适用于游戏的前期，在游戏前期玩家能够跟着策划人员的思路往下走，容易在设计的付费点处产生付费。而到了游戏后期，玩家往往各自练级，发展道路，是否付费受到的制约因素较多。

➢　等级付费转化率

定义：当前等级付费人数占当前等级达到人数比例。例如达到 2 级的玩家数量为 14185，其中玩家在 2 级时产生过付费的人数为 53 人，则等级付费转化率为 0.4%。

➢　等级人均付费次数

计算公式：

等级人均付费次数=达到各等级的付费玩家付费总次数 / 付费玩家人数

例如达到 2 级玩家付费总次数 55，付费人数 53，即等级人均付费次数为 1 次。

➢　等级人均付费总额

计算公式：

等级人均付费总额=达到各等级的付费玩家付费总额 / 付费玩家人数

例如达到 2 级玩家付费总金额 1192 元，付费人数 53，即等级人均付费金额为 22 元。

样本数据：《全民×××》开服一周新进玩家等级变化及付费数据，如表 6-6 所示。

表 6-6

等　级	玩家达到人数	付费人数	付费次数	付费总额	等级付费转化率	等级人均付费次数	等级人均付费总额
1 级	25172	33	34	1115	0.1%	1.0	34
2 级	14185	53	55	1192	0.4%	1.0	22

续表

等 级	玩家达到人数	付费人数	付费次数	付费总额	等级付费转化率	等级人均付费次数	等级人均付费总额
3 级	14095	107	164	1754	0.8%	1.5	16
4 级	8993	108	157	3515	1.2%	1.5	33
5 级	5498	197	284	4200	3.6%	1.4	21
6 级	2954	133	222	3403	4.5%	1.7	26
7 级	1517	35	64	1777	2.3%	1.8	51
8 级	926	42	76	3042	4.5%	1.8	72
9 级	850	44	72	4309	5.2%	1.6	98
10 级	822	44	69	4928	5.4%	1.6	112
11 级	873	52	95	4857	6.0%	1.8	93
12 级	912	60	105	5247	6.6%	1.8	87
13 级	935	67	120	5916	7.2%	1.8	88
14 级	900	55	84	4314	6.1%	1.5	78
15 级	876	46	75	3150	5.3%	1.6	68
16 级	900	63	107	5547	7.0%	1.7	88
17 级	931	69	127	9713	7.4%	1.8	141
18 级	980	82	158	9011	8.4%	1.9	110
19 级	939	55	149	18363	5.9%	2.7	334
20 级	890	64	130	7686	7.2%	2.0	120
21 级	853	67	123	10697	7.9%	1.8	160
22 级	819	66	125	11170	8.1%	1.9	169
23 级	789	55	105	8591	7.0%	1.9	156
24 级	740	54	133	16190	7.3%	2.5	300
25 级	715	82	175	11533	11.5%	2.1	141
26 级	696	63	158	17129	9.1%	2.5	272
27 级	651	56	166	16152	8.6%	3.0	288
28 级	606	50	109	7859	8.3%	2.2	157
29 级	588	53	141	26479	9.0%	2.7	500
30 级	560	63	207	28642	11.3%	3.3	455
31 级	533	58	144	18198	10.9%	2.5	314
32 级	485	59	131	15395	12.2%	2.2	261
33 级	454	60	135	16153	13.2%	2.3	269
34 级	415	51	78	12484	12.3%	1.5	245
35 级	371	62	145	26709	16.7%	2.3	431
36 级	319	41	80	13715	12.9%	2.0	335
37 级	270	47	106	21165	17.4%	2.3	450

续表

等 级	玩家达到人数	付费人数	付费次数	付费总额	等级付费 转化率	等级人均 付费次数	等级人均 付费总额
38 级	246	56	164	25023	22.8%	2.9	447
39 级	210	47	101	13770	22.4%	2.1	293
……	……	……	……	……	……	……	……

观察图 6-9 可以看到，在游戏前期，6 级、13 级、18 级、25 级出现了玩家付费的高潮，到这个等级的玩家付费的比率比较高，在做消费引导的时候可以针对这些等级加强消费引导和消费曝光；在付费转化的低潮处，例如 7 级、15 级这些对应的关卡处使玩家能够平滑渡过，虽然不产生付费，但可以避免玩家流失。

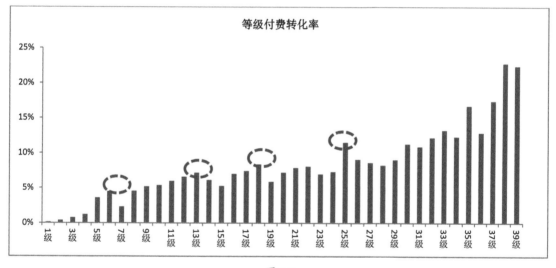

图 6-9

从等级人均付费次数及付费总额，可以看到 19 级、30 级人均付费次数最多，且人均付费金额也较高，这两个等级处，加强付费转化，能对收入提升起到一定的作用，如图 6-10 和图 6-11 所示。

在《全民×××》游戏的玩家成长过程中，在 19 级附近，等级付费转化率、等级人均付费次数、等级人均付费总额在游戏前期均较高，在此等级附近玩家进行游戏时加强付费引导，可提升游戏付费。

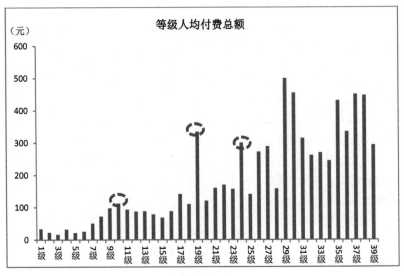

图 6-10

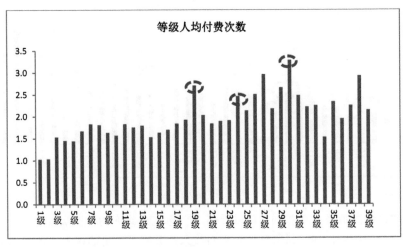

图 6-11

6.1.5　案例 5：卸载客户端的用户流失分析

卸载客户端的玩家一般是真正流失，回流的可能性很小，因此分析卸载客户端的用户，定位流失用户是非常准确的，也是流失用户分析的一个重要组成部分。

通过分析卸载问卷调查，除了可以收集到用户游戏行为以外的反馈，还能将玩家填写的卸载原因和其游戏行为进行对照，从而有效地分析和验证其问题所在，进而找出用户流失原因。因为技术原因，客户端卸载的数据只能追踪到端游，目前还没有尝试手游的数据，所以下面以一款端游的客户端卸载为案例进行分析。

1. 分析方法概述

主要采用对比分析、结构分析、交叉分析方法。比较重要的分析指标有如下几个。

（1）客户端安装量：安装客户端的数量（端游是根据用户电脑的 MAC 地址判断，手游是根据用户手机设备号来判断）。

　　　　客户端卸载量：卸载客户端的数量。

根据每日客户端安装和卸载量，看两者的数据趋势。如果一致，则说明没有服务器、版本等重大问题；如果不一致，则需要去分析数据拐点变化的原因。

（2）客户端卸载率：客户端卸载量/安装量，与其他游戏同期的数据进行横向对比，可得知该游戏的客户端卸载率是否偏高。

（3）卸载客户端的原因：对玩家填写的客户端卸载调查问卷进行分析，能了解到用户卸载客户端的原因，发现游戏问题，并能从心理层面解析玩家离开游戏的原因。

（4）卸载客户端账号游戏行为：根据卸载客户端的账号，和游戏内行为数据关联，可得到卸载用户的等级、持有剧情任务、消耗金额等数据，了解用户付费情况并定位游戏内问题。

再根据玩家填写的卸载原因，找到不同等级玩家卸载的原因、玩家持有剧情任务的原因、游戏内消耗金额、最近主要在玩的本公司其他游戏。

2. 数据来源

客户端安装数据来源于客户端安装日志，每一次客户端安装完成，均会记录一条数据。

客户端卸载原因数据来源于调查问卷，在玩家卸载端游客户端时，会弹出问卷窗口，询问其原因。除如图 6-12 所示列出的数据内容外，每次提交均会记录玩家的平台账号、提交时间、提交 IP、MAC 地址。

游戏行为数据来源于游戏数据库，为便于数据统计分析，需要对用户的行为日志进行数据埋点。

3. 详细的分析过程

➢ 客户端安装和卸载量

我们先看下客户端安装和卸载量的每日趋势，分析是否有较为明显的异常点。

《游戏 A》于 2013 年 1 月 1 日进行开放性测试，开测前提前 9 天开放客户端下载，开测当日的客户端下载量陡升，随后逐渐衰减，而客户端的卸载量和安装量变化趋势相同，呈正相关。如图 6-13 所示。

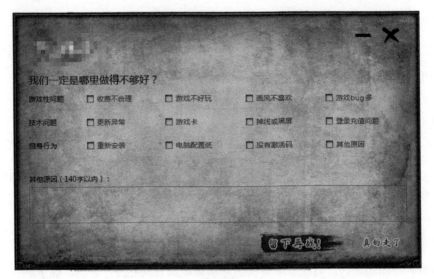

图 6-12

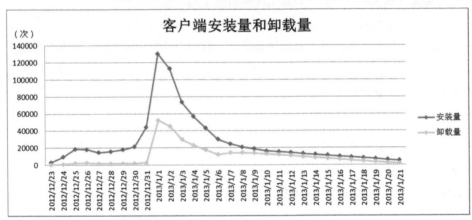

图 6-13

再和其他游戏同时期进行横向对比，由表 6-7 可以看出，《游戏 A》的客户端卸载率为 57%，远高于对比的三款游戏。

表 6-7

客户端卸载率	游戏 A	游戏 B	游戏 C	游戏 D
预注册—OB 第 25 天	57%	29%	32%	42%

注：客户端卸载率=客户端卸载量/安装量。OB 指开放性测试。

➢ 客户端卸载原因

对玩家提交的客户端卸载原因进行汇总（玩家填写的"其他原因"按关键字进行归类），得出如表 6-8 所示的数据。

画面不好看、游戏不吸引人是用户卸载客户端的主要原因。反映游戏卡、客户端崩溃的问题和前 5 天相比明显减少（此处省略了测试前 5 天的数据）。

表 6-8

用户卸载原因	数　量	占　比
画面、人物不好看	194	19%
游戏不吸引人（没有新意、用户不喜欢这类游戏）	161	16%
任务太多，太烦琐；升级途径单一；技能太少；背包仓库太小；创世开启等级太高	127	12%
客户端问题（崩溃、运行不了、无法登录)	121	12%
服务器卡，游戏不流畅（画面卡、紫屏、红屏，对显卡要求高）	120	12%
游戏打击感不强，操作不够灵活	99	10%
过于商业化	88	9%
版本更新异常（手动、自动更新失败）	78	8%
游戏 bug、盗号、封号、平衡性相关	45	4%

说明：以上卸载原因，包含按选项选择的内容，也包含玩家填写的其他原因。

数据日期：2013 年 1 月 1 日至 1 月 21 日

➢ 客户端卸载用户等级

卸载用户角色等级主要集中在 1 级、8 级、16 级、21 级，和所有流失用户等级分布（此处略）基本一致。如图 6-14 所示。说明以客户端卸载用户作为流失用户的分析样本，具有一定的代表性。

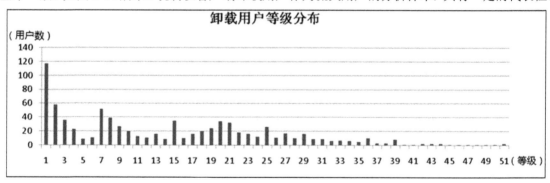

图 6-14

➢ 不同等级用户的卸载原因

结合卸载客户端的账号、卸载原因和游戏内等级，可以定位不同等级玩家的卸载原因。

其中：

- 1级、8级、16级用户卸载原因主要是认为画面和人物设计不好看、操作不够灵活、不喜欢这类型的游戏；
- 21～44级用户的卸载原因主要是用户认为任务太多导致和玩家之间的交流太少、升级不顺利、存在盗号和游戏bug。
- 45级以上用户的卸载原因主要是用户认为游戏过于商业化、升级太慢。

以下列举了部分等级的账号填写的客户端卸载原因，如表6-9所示。

这样展现出来的结果看上去更一目了然，在了解游戏问题的同时还能知道玩家的具体想法，能为游戏的改进提供比较明确的方向。

表6-9

账号	角色等级	卸载原因
A	45	一个境界一天提升了6次都未成功，时间上耗不起，职业不平衡副本没人组，升星石消耗太大，又弄不到，升级装备，升星石也要花钱吗
B	37	升级断档太多，武魂难弄，武魂升阶的材料都不知道哪里去弄，FB有次数限制
C	34	本人34级，感觉也没啥特权，尤其是升级太"烧钱"了
D	30	新手引导不足，官网资料很少。很卡，我是3MB网络，技能有延迟，这还是效果极低时，对于我这种每天游戏时间不是很充足的人来说，应该多弄些趣味性的活动，30级还没见到子世界，我不知道什么时候能开启子世界
E	29	我号被盗了，所有钱都没了，不玩了
F	26	明明是3D游戏，有些山坡还不能跳下去。上下马的操作还需要先停止才行，十分不方便。我还是等这个游戏再稳定有更多的更新内容和玩法后再考虑吧
G	24	游戏的环境设置非常好，不过游戏的可操作性弱，游戏的打击感也不好，应该着重提高游戏的打击感以及流畅性
H	22	玩3个小时达到20级，关键是20级就3个技能，你让玩家怎么体验游戏的操作和乐趣，没见过哪个网游20级只有3个技能的
I	21	操作不舒服，比如后退的时候移动太慢、选中一个怪物的时候、场景会自动旋转到正前方，等等。感觉操作特别不爽
J	21	游戏打击感太差，我选的人物是和尚。从1级到20多级就拿一个棍子捅怪，郁闷无聊。换做是你，没意见吗
K	16	光效太多，玩不了多久，眼睛就疲劳了；游戏战斗系统提不起精神，人物动作不自然，只能说这款游戏不是我的菜。怪物缺乏AI（也许是玩《魔兽世界》多了，多多少少有点参照）
L	9	画面太暗！每次玩个新的游戏，都是无限打怪交任务！有意思吗？建议适可而止！让玩家尽快用活动、副本来升级，玩家之间的交流更近一些！不要一上来玩了几个小时的单机

➢ 卸载用户剧情任务持有量

卸载用户剧情任务持有量TOP5，和游戏所有流失用户的剧情任务持有量（此处略）基本相符。如表6-10所示。

表 6-10

TOP	任务名称	任务等级	任务持有量
1	天外浩劫 7074	21	72
2	五行残图 1009	15	65
3	五行残图 1007	15	39
4	五行残图 1008	15	38
5	大藏佛经 2174	36	35

因客户端卸载问卷中有部分玩家反映"任务过不去"和"升级断层"，因此针对反映这些问题的玩家，和游戏内行为数据结合进行定位，我们分析出"任务过不去"对应的剧情任务名称，以及玩家在哪个等级出现了"升级断层"。如表 6-11 所示。

表 6-11 列举了部分反映了"任务过不去"和"升级断层"的玩家相关信息。

表 6-11

卸载账号	卸载原因	角色等级	任务等级	任务创建时间	持有任务名称	任务类型
I	任务过不去	30	35	2013-1-1 19:35	宝印解封 7066	剧情
I	任务过不去	30	28	2013-1-2 18:53	铁人奇竞 7612	活动
I	任务过不去	30	31	2013-1-3 19:16	小试洗炼 7590	支线
J	升级断层	34	31	2013-1-5 17:58	除恶务尽 101	副本
J	升级断层	34	20	2013-1-4 1:42	辟谷之境 7617	活动
J	升级断层	34	31	2013-1-6 17:59	清除恶狼 102	副本
J	升级断层	34	27	2013-1-6 14:00	损人利己 7613	活动
J	升级断层	34	20	2013-1-3 17:17	AMD 登顶挑战赛 45100	活动
J	升级断层	34	27	2013-1-6 14:00	独占鳌头 7614	活动
J	升级断层	34	20	2013-1-6 16:56	五行残片 35631	帮派

➢ 卸载用户消耗金额及来源

根据卸载用户在游戏中的历史消耗记录数据，发现卸载用户中不乏消耗百元以上的账号，这些用户流失掉比较可惜。如表 6-12 所示。

表 6-12 列举了部分卸载用户的消耗金额以及来源游戏。

表 6-12

卸载账号	角色最高等级	卸载原因	在游戏 A 中的消耗金额	来源游戏类型
K	47	抄袭就算了，一个网络游戏搞成和网页游戏一样	499.97	ARPG
L	40	无故被盗号	440.5	休闲
M	34	本人 VIP4，感觉也没啥特权，太烧钱了，尤其是升星	385.5	MMORPG
M	10	没有团队 FB	105.27	MMORPG

卸载账号	角色最高等级	卸载原因	在游戏A中的消耗金额	来源游戏类型
O	37	副本每天只能下两次，任务做完就没事了，每天就为了上来做任务、下副本，还有别的乐趣吗	77.38	MMORPG
P	27	游戏装备洗练，我是内功职业，但洗练90%的时候出的是外功的属性	64.47	MMORPG
Q	50	简直是圈钱	60	休闲
R	29	战斗不流畅，剧情一般	58.65	ARPG
S	56	升级太慢	50	MMORPG

说明：来源游戏是指最近一个月内登录过的本公司其他游戏中天数最多的游戏。

4. 分析结论

《游戏A》于 2013 年 1 月 1 日进行开放性测试，测试至第 25 天的客户端卸载比例为 57%，用户流失严重，高于对比游戏。

➢ 根据客户端卸载调查问卷显示，卸载原因主要为：

（1）画面、人物不好看（共 194 人，占比 19%）。

（2）游戏不吸引人（没有新意、用户不喜欢这类游戏）（共 161 人，占比 16%）。

（3）游戏内其他问题：任务太多，太烦琐；升级途径单一；技能太少；背包仓库太小；创世开启等级太高（共 127 人，占比 12%）。

➢ 卸载用户等级分布主要集中在 1 级、8 级、16 级、21 级，和所有流失用户等级分布高点相同，各等级区间卸载主要原因：

（1）1～16 级：用户认为画面和人物设计不好看、操作不够灵活、不喜欢这种类型的游戏。

（2）21～45 级：用户认为任务太多导致和玩家之间的交流太少、升级不顺利、存在盗号和游戏 bug。

（3）45 级以上：用户认为游戏过于商业化、升级太慢。

（4）卸载用户剧情任务持有量排名 TOP2：天外浩劫、五行残图，和游戏总流失用户的剧情任务持有量基本相符。

（5）卸载用户中不乏消耗百元以上的账号，消耗最高金额为 500 元。

➢ 建议参考玩家填写的卸载原因，做适当的游戏内容调整，尽量减少用户流失。

5. 小结

结合客户端卸载问卷和游戏内行为数据进行分析是一个很好的流失分析思路。玩家提交的每个卸载原因都能定位到具体的游戏行为，从而较为精确地定位到用户流失的原因。

如果说第 4 章 4.6 节的流失原因分析的主要亮点是精准定位玩家的流失点，那本小节的亮点则是将玩家的心理和游戏行为结合，精确地定位了玩家流失的原因。比如，玩家反映"任务过不去"和"升级断层"，我们通过反映这些问题的玩家数量以及对应的任务名称和等级等定位到具体的问题。就能为游戏的改进提供比较明确的方向。

6.1.6　案例 6：应用 5W1H 分析法分析流失用户

在早期刚开始做用户流失分析时，笔者并不了解 5W1H 分析法，当然也不会想到要使用 5W1H 分析法，后来接触 5W1H 分析法，发现其思路和笔者之前做过多次的流失分析方法有很多相似之处，这个过程很奇妙，当思路到位以后，各种分析方法自己都能总结出来。

下面就介绍一个使用 5W1H 分析法对流失用户进行分析的案例。

1. 分析方法概述

主要采用 5W1H 分析法。

在第 1 章的常用数据分析方法中，提到了 5W1H 分析法的定义：5W1H 分析法也叫六何分析法，是一种思考方法，是对选定的项目、工序或操作，都要从原因（何因 Why）、对象（何事 What）、地点（何地 Where）、时间（何时 When）、人员（何人 Who）、方法（何法 How）等 6 个方面提出问题进行思考。

流失分析的最大作用是找到流失用户的特征，为游戏的改进提供依据。采用 5W1H 分析法对流失进行分析，我们能告诉研发和运营人员：这款游戏流失了多少用户、在哪里流失、什么人流失、什么时候流失、为什么流失，并帮助其制定挽回策略。其中：

- 发生了什么（What），指用户流失了。因本案例分析是在游戏公测 14 天后进行，因此针对 7 日流失用户进行分析，即公测第 1～7 天登录游戏，第 8～14 天未登录游戏的用户。
- 在哪里流失（Where），主要指玩家在哪个地图，哪个地域流失。在第 4 章游戏封测期的流失原因分析中，用玩家流失前最后一次下线的地图找到了玩家流失所在的地图，本节主要定位流失玩家所在的城市和省份。
- 什么人流失（Who），是新用户流失，还是老用户流失；是学生，还是上班族成其他职业的玩家流失，游戏中哪个职业更容易流失。本节主要定位流失用户在生活中的职业和在游戏中的职业。 对于用户的生活职业，我们采用用户调查数据和游戏行为数据相结合的形式，对用户进行聚类分析，将用户分为上班族和学生两大类。
- 什么时候流失（When），是新手期、中期，还是高级期。这三个阶段的定义可以按等级来划分，不同游戏的划分方法各不相同，本节案例中的新手期是第 1～30 级，中期是第 31～49 级，第 50～55 级是高级期。
- 为什么流失（Why），是因为游戏有卡点、任务不会做，还是副本打不过，还是社会关系薄弱，没有朋友一起玩。本节主要从任务、公会和好友这三个维度入手，并结合电话调查结果来进行分析。

流失分析的 5W1H 分析法如图 6-15 所示。

图 6-15

7 日流失用户能较大程度地反映真实流失用户的特征，因此，在游戏公测 14 天后就可以开始着手流失用户分析，本次流失分析主要从用户等级、职业、在线时长、任务、副本、公会、好友、群体、地域、余额数据入手，并观察每日数据变化情况，找出流失规律。分析目录如下：

（1）7 日流失用户

- 流失用户情况一览
- 等级分布
- 各角色职业流失情况
- 登录和在线时长变化情况
- 任务持有情况
- 加入公会、好友、参与副本情况
- 参与"活动副本 A"情况
- 用户余额情况

（2）每日流失用户

- 每日流失和新用户导入关系
- 每日流失用户群体
- 每日流失各等级人数情况
- 每日流失账号绑定钻石余额变化情况

2．数据来源

数据主要来自两大块，游戏内用户行为日志和客服电话回访玩家的数据。因本次分析所用到的数据表比较分散，因此此处没有将各个基础数据整理出来，整个分析过程是基于上面的分析目录来展开的。

3. 详细分析过程

➢ 日流失用户特征

我们先分析 7 日流失用户特征，分别从以下 8 个方面来进行。

（1）流失用户情况一览

《游戏 A》官方和非官方渠道 7 日活跃用户占比为 55∶45。官方渠道用户 7 日流失率为 35%，7 日回归率 15%；非官方渠道用户 7 日流失率为 64%，7 日回归率 5%，如表 6-13 所示。说明官方用户质量较高，非官方用户小号较多，留存率和回归率均较低。

表 6-13

	官方渠道	非官方渠道
第 1 周登录用户（1 月 1 日至 1 月 7 日）	574 430	466 815
第 2 周流失用户（1 月 8 日至 1 月 14 日）	198 507	296 960
第 2 周流失用户第 3 周回归（1 月 15 日至 1 月 21 日）	29 464	16 285
7 日流失率	35%	64%
7 日回归率	15%	5%

官方渠道流失用户中：CBT2 老用户占 6%，新用户占 79%，第 2 周回归用户占 15%。如图 6-16 所示。

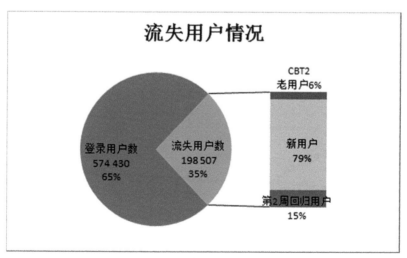

图 6-16

说明：官方渠道指公司官方 Android 渠道，非官方渠道指除公司官方 Android 之外的渠道。

考虑到该游戏中非官方用户小号较多，其用户行为和正常用户有一定差距，因此本次分析采用官方渠道用户为样本，并剔除流失回归用户，尽可能确保数据的正确性。

（2）等级分布

在所有用户中，各等级段的用户活跃情况如下（每个账号下仅取最大等级角色）：

按照"7 日内活跃"标准来定义流失，各等级段角色至 7 天未登录游戏的用户占该等级段角色总量的百分比如图 6-17 所示。

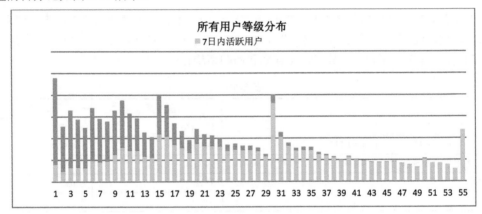

图 6-17

如图 6-18 所示， 7 日未登录游戏的 1～30 级用户占到了总用户数的 96%。因此，近期活动应加大对此级别段用户的偏向性，包括形式、奖励……

15 级、30 级的流失率较前一个等级有较小波动，和该等级的任务、升级时长有关。

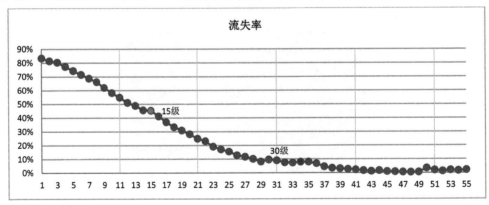

图 6-18

（3）角色职业流失情况

通过各职业的流失率数据对比可以看出，职业 1 的流失率最高，为 35%，其次是职业 2，为 34%。如图 6-19 所示。

职业 1 的流失率高可能是因为作为"T"类职业，相对职业 3 来说，防御能力较弱。职业 2 的流失率高是因为该职业对站位的要求较高。

输出类职业占所有职业的 66%，流失人数占所有职业的 67%。

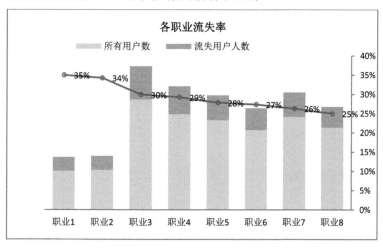

图 6-19

（4）登录和在线时长变化情况

1～30 级用户流失前平均每天登录次数逐渐减少。如图 6-20 所示。

图 6-20

1～49 级用户流失前的每天在线时长呈下降趋势；50 级以上用户每天在线时长波动较大。如图 6-21 所示。

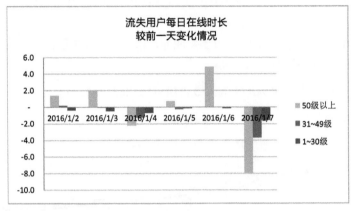

图 6-21

（5）任务持有情况

流失用户中持有最多的主线任务是任务 A，持有率 11%；其次持有任务 B，持有率 9%。如图 6-22 所示。

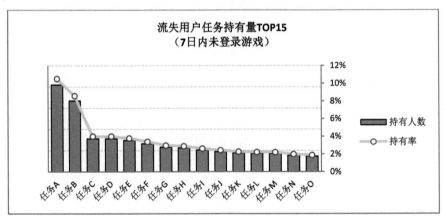

图 6-22

任务 A（5 级主线）持有原因：玩家不知道怎么获取道具，甚至有玩家支线任务做到 20 级，但仍没找到该任务所需要的道具。如图 6-23 所示。

任务 B（15 级主线）持有原因：一方面是需要和 NPC（非玩家控制角色）对话进入副本所在地图，因 NPC 头上没有特别标记，部分用户没有找到 NPC（NPC 所在地图为海盗地图）进入跳转地图；另一方面，用户找到副本后，因职业不平衡排队时间过长，未能完成副本。

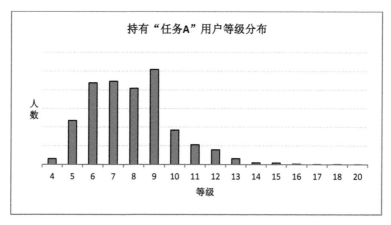

图 6-23

玩家接受"任务 A"任务后又继续登录游戏，但一直未完成的人数为 7854 人，占该任务总持有量的 38%，高于其他任务，说明该任务对部分玩家造成了一定的困扰。如图 6-24 所示。

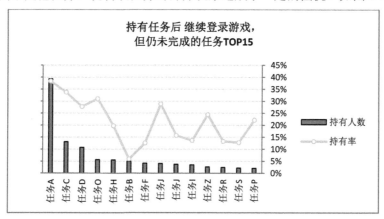

图 6-24

（6）加入公会、好友、参与副本情况

50 级以上流失用户参与副本比例为 85%，参与比例较低。好友流失率为 30%。如表 6-14 所示。

表 6-14

流失用户类型	加入公会比例	平均有好友个数	好友流失率	参与副本比例	活跃用户参与副本比例	活跃用户加入公会比例
10～30 级新手期用户	19%	2.0	/	/	/	/
31～49 级中级用户	77%	5.4	/	78%	85%	85%
50～55 级高等级用户	75%	8.9	30%	85%	100%	100%

（7）参与"活动副本 A"情况

10 级之前，流失用户参与"活动副本 A"的比例高于活跃用户；

20～33 级，流失用户参与"活动副本 A"的比例略低于活跃用户；

33 级之后，流失用户"活动副本 A"的比例明显低于活跃用户。

可能因为活跃用户比流失用户更懂得玩游戏，在前期升级过程中以做任务为主，较少参与活动副本 A。

33 级以后，活跃用户人均参与"活动副本 A"的次数高于流失用户 60 次，同样说明活跃用户比流失用户更懂得玩游戏。

如图 6-25 所示。

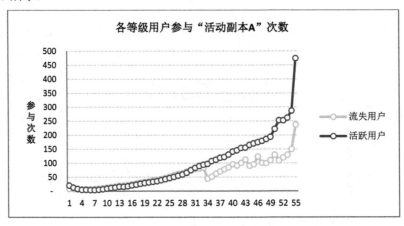

图 6-25

（8）用户剩余绑定钻石价值

79%的流失付费用户绑定钻石价值为 21～50 元，比活跃用户高 30%，流失用户账号剩余钻石较充足，说明付费玩家不是因为钻石不够而流失。如图 6-26 和图 6-27 所示。

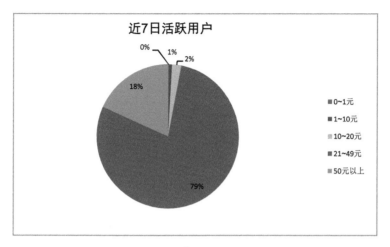

图 6-26

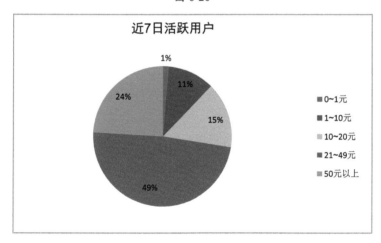

图 6-27

> ➢ 每日流失用户特征

我们从以上 8 个方面的数据对 7 日流失用户的特征进行了分析，然后，我们进一步了解每日流失用户特征，将从 3 个方面入手。

（1）每日流失和新用户导入关系

从图 6-28 可以看出，每日导入的新用户越少，流失用户数越多。说明新用户的增加在带来游戏人气的同时，还能提高用户的游戏黏度，降低流失。

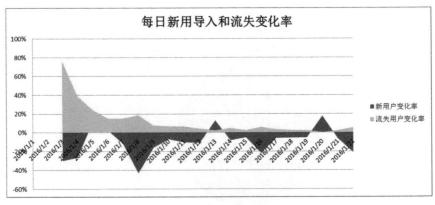

图 6-28

说明：以上"每日流失用户"指每天未登录游戏的用户。

每日新用户变化率=（当日新用户数量−前一天新用户数量）/前一天新用户数量

每日流失用户变化率=（当日未登录游戏用户数量−前一天未登录游戏用户数量）/

前一天未登录游戏用户数量

（2）每日流失用户群体和地域

由于无法直接区分游戏数据中的账号是学生还是上班族，故在分析流失用户群体前，先说下获取该数据的来源和思路。

该游戏在开测时做了问卷调查，其中人口属性问题中包含用户职业，总样本量超过 3 万个。其结果如图 6-29 所示。

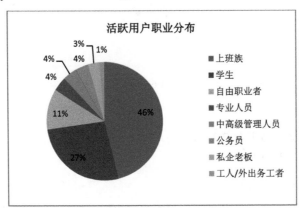

图 6-29

因玩家填写调查问卷时必须先用游戏账号登录，所以能将填写不同群体的玩家账号和游戏登录日志匹配，并区分工作日和周末，得出不同群体玩家的登录习惯。

通过对比不同群体的用户上线习惯数据发现，上班族、专业人员、中高级管理人员、公务员、私企老板其登录习惯相近，因此可以将这些用户归为一大类，此处统一归为上班族，而学生、自由职业者、工人/外出务工者的登录习惯相近，此处统一归为学生。

根据图 6-30 和图 6-31 所示，可以看出不同职业用户的上线习惯。

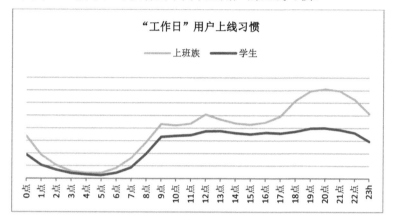

图 6-30

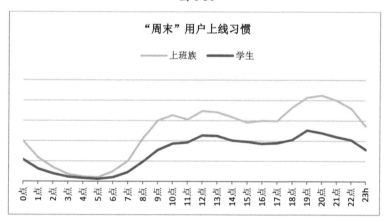

图 6-31

说明：工作日为周一至周五；周末为周六和周日。

上班族的上线时间受工作时段影响较大。在"工作日"白天和晚上的上线高峰时间点分别在 12 点和 20 点。"周末"的上线高峰时间点虽和"工作日"一样，但是白天和晚上的人数差距明显缩小。

学生没有明显的工作时段和非工作时段，因学生在周末不受上课影响，"周末"的上线高峰时间点和上班族一样。

我们先选取 3 万个调查用户中学生和上班族的登录日志作为样本，选取登录日志为观察指标，区分工作日和周末，使用 K-means 算法，找到学生和上班族上线时间的重要特征，根据该特征，应用到游戏内所有流失用户，按上线习惯分为上班族和学生。得出如图 6-32 所示结果。

流失用户群体中，上班族和学生的比例为 55：45，其分布基本和活跃用户一致。

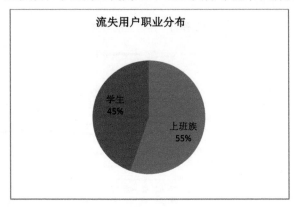

图 6-32

说明：因为以上聚类分析的方法在第 6 章活跃用户细分中有详细介绍，因此在本次案例中省去了用 SPSS 的"K-均值聚类"将用户分为学生和上班族的操作步骤。

将用户类型和地域数据结合，得出上班族中上海用户流失率最高，为 77%，和上海的上班族用户多有关。如图 6-33 所示。

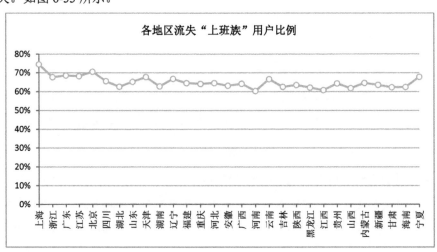

图 6-33

将用户类型和每天的登录日志结合，得出上班族在周末的流失率较工作日减少 3%。说明上班族在周末有更多时间玩游戏。而学生群体的流失比例受周末的影响不大。如图 6-34 所示。

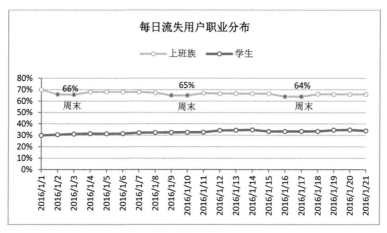

图 6-34

（3）每日流失用户各等级人数情况

30 级玩家流失数量相对 21～29 级流失玩家数上升较快。如图 6-35 所示。

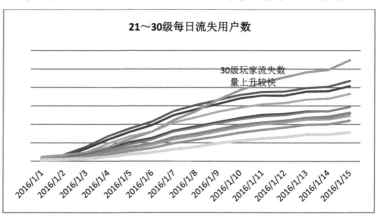

图 6-35

从 1 月 5 日开始，每日未登录的 55 级用户量陡升，尽管 55 级玩家人数在不断增加，每日不登录不一定真正流失，但说明 55 级玩家没有每天登录游戏的人数在不断上升。因此，近期也应密切关注 55 级用户的游戏情况。如图 6-36 所示。

因 1～20 级每日流失用户数趋势无异常，因此此处的图表省略。

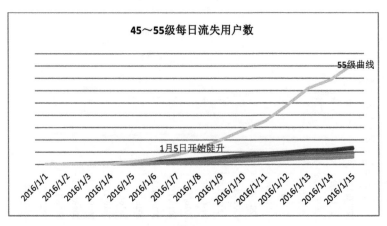

图 6-36

> 流失用户电话调查结果

为了进一步了解玩家流失的原因，筛选上海地区 7 日流失用户的手机号码给客服进行电话回访，共成功回访用户 807 人，其中上班族占了 80%，如图 6-37 所示。

（1）1～30 级用户流失原因，如图 6-38 所示：

- 工作比较忙、没时间，占 34%；
- 打击感太弱、战斗节奏太慢、操作不流畅，占 11%。
- 任务太烦琐、任务目标指引不清晰，升级较慢，占 7%；
- 任务不会做，占 6%
- 副本太难，占 5%；

（2）31～55 级用户流失原因，如图 6-39 所示：

- 工作比较忙、没时间，占 30%；
- 没有朋友一起玩；装备、宝石和技能升级后属性大幅度提升，已打破各职业之间的平衡；和 NPC 对话的时候必须下坐骑，操作不方便。各占 20%。

（3）玩家建议：

- 游戏界面可以更优美，装备更酷炫。虽然是经典，但是需要与时俱进，才能成为大众所喜爱的游戏。
- 到 55 级之后没有什么可做的事情了，希望多出一些 55 级的活动。
- 针对工作室和第三方软件要加大一下打击力度。

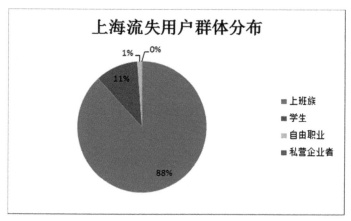

图 6-37

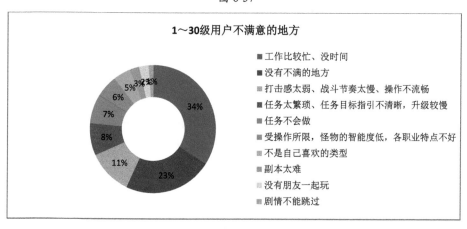

图 6-38

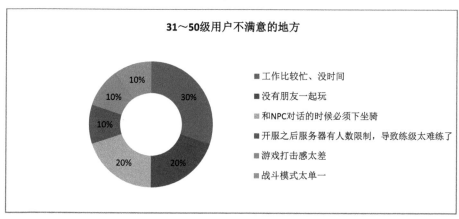

图 6-39

4. 分析结论

《游戏 A》于 1 月 1 日进行开放性测试，官方用户 7 日流失率为 35%。非官方用户 7 日流失率为 64%，通过用户行为数据分析，有以下主要结论：

（1）新手期玩家：1～30 级流失用户占总用户的 96%，流失用户等级主要集中在 6 级、15 级，分别持有任务 A、任务 B。7854 个用户任务 A 后多次登录游戏，但仍未完成，说明该任务对部分玩家造成了一定困扰。

（2）中期玩家（31～49 级）：游戏体验相对顺畅，无明显流失点。

（3）高级其玩家（50～55 级）：参与副本和加入公会的人数比例分别低于活跃用户 15%、25%，可能和好友流失、游戏热情降低有关（好友流失率 30%）。近期每日流失用户中 55 级用户陡升，应密切关注。

（4）用户较容易流失的职业：职业 1 和职业 2。主要因为职业 1 防御能力较弱，职业 2 对玩家站位的要求较高。

（5）每日流失和新用户导入关系：每日导入的新用户越少，流失用户数越多。

（6）流失用户特征：

- 流失用户 7 天内回归的比例为 15%；流失用户中 CBT2 老用户占 6%。
- 流失用户群体分布基本和活跃用户一致。上班族中上海用户流失率最高，为 77%，和上海的上班族用户多有关。
- 1～30 级用户流失前平均每天登录次数逐渐减少；1～49 级用户流失前的每天在线时长呈下降趋势；50 级用户每天在线时长波动较大。
- 30～55 级，流失用户人均参与副本活动 A 的次数低于活跃用户 60 次，说明活跃用户比流失用户更懂得玩这款游戏。
- 流失用户账号绑定钻石余额高于活跃用户，79%的流失用户余额为 21～49 元，说明玩家不是因为账号绑定钻石余额不够而流失。

（7）玩家建议

- 游戏界面可以更优美，装备更酷炫。虽然是经典，但是需要与时俱进，才能成为大众所喜爱的游戏。
- 到 55 级之后没有什么可做的事情了，希望多出一些 55 级的活动。
- 针对工作室和第三方软件要加大一下打击力度。

5. 小结

以上的分析案例很好地诠释了 5W1H 分析方法。通过 7 日流失用户特征、每日流失用户特征和电话回访结果三大块内容的分析，我们能为研发和运营人员提供以下信息：

- 发生了什么（What），指将近 20 万的官方平台用户在游戏公测 7 天后流失，流失率达 35%。
- 在哪里流失（Where），上海的上班族用户流失率最高，为 77%。15 级流失用户主要在海盗地图流失。
- 什么人流失（Who），新用户流失比较多，达 79%。游戏职业 1 和职业 2 的流失人数较多。上班族和学生的流失比例为 55∶45，上班族在周末的流失率较工作日减少 3%。
- 什么时候流失（When），主要是新手期玩家和高级期玩家流失，新手期玩家主要集中在 6 级、15 级流失。高级期玩家主要集中在 55 级流失。
- 为什么流失（Why），新手期玩家是因为任务 A 和任务 B 给他们造成了困扰，高级期玩家主要是因为好友流失，游戏热情降低。职业 1 流失较多是因为防御能力较弱，职业 2 是因为该职业对玩家站位的要求较高。因为工作比较忙、没时间而流失的玩家占比超过 30%。

6.2 活跃用户细分

用户细分其理论依据在于用户需求的异质性和游戏需要在有限资源的基础上进行有效地投放。其目标在于更好地了解用户并满足用户需求，使游戏运营活动做到有的放矢，以提高游戏的盈利能力，推动收入的增长。在促进收入增长方面，用户细分的影响最为显著，它能够帮助增长用户数量、提高每个用户的付费额以及提升用户生命周期价值。

6.2.1 聚类分析——快速聚类

聚类分析指将物理或抽象对象的集合分组为由类似的对象组成的多个类的分析过程。它是一种重要的人类行为。聚类分析是一种探索性的分析，在分类的过程中，人们不必事先给出一个分类的标准，聚类分析能够从样本数据出发，自动进行分类。聚类分析所使用的方法不同，常常会得到不同的结论。不同研究者对于同一组数据进行聚类分析，所得到的聚类数未必一致。

K-means（K-均值聚类）算法是很典型的基于距离的聚类算法，采用距离作为相似性的评价指标，即认为两个对象的距离越近，其相似度就越大。该算法认为簇是由距离靠近的对象组成的，因此把得到紧凑且独立的簇作为最终目标。

k 个初始类聚类中心点的选取对聚类结果具有较大的影响，因为在该算法第一步中是随机的选取任意 k 个对象作为初始聚类的中心，初始地代表一个簇。该算法在每次迭代中对数据集中剩余的每个对象，根据其与各个簇中心的距离将每个对象重新赋给最近的簇。当考察完所有数据对象后，一次迭代运算完成，新的聚类中心被计算出来。重复迭代，直到算法收敛。关于快速聚类的理论介绍，我在这里不再详细展开，有兴趣的读者可以参考相关统计学书籍。

6.2.2 案例：《全民×××》聚类分析 SPSS 实现

我们以《全民×××》2016 年 10 月 1 日至 31 日登录 2 天的活跃用户作为样本，样本总量为

6317，选取登录天数（day_count）、最高等级（level_id）、累计登录次数（total_login_counts）、累计登录时长（total_login_time）、付费次数（pay_count）、付费金额（total_pay）、刷副本次数（pve）、竞技场参与次数（pvp）8 个观察指标。由于 K-means 聚类对异常值比较敏感；另外变量之间的相关性也影响到聚类结果，因为如果变量之间存在相关性，能够相互替代，那么计算距离时这些变量将重复贡献。因此在数据进入模型前，对样本数据进行一定的探索是非常有必要的，需要对异常值、极值、缺失值，以及高相关性的变量进行处理。本案例为了对快速聚类方法简单实现，采用处理后的数据（见表 6-15）。

表 6-15

day_count	level_id	total_login_counts	total_login_time	pay_count	total_pay	pve	pvp
4	74	561	8434	0	0	4	0
4	103	2160	62629	0	0	32	6
26	103	3353	49736	1	30	80	87
31	107	5252	65050	0	0	254	122
5	74	467	7466	0	0	0	0
7	100	2994	41349	0	0	0	8
2	96	722	16703	0	0	0	10
2	39	132	3223	0	0	0	0
31	110	4983	90327	0	0	6	160
27	84	1151	18690	0	0	10	5
12	95	1577	27356	0	0	0	3
29	101	7187	74891	0	0	0	2
2	47	124	2459	0	0	0	4
31	113	5988	85520	7	114	0	159
5	93	1239	22147	0	0	2	16
20	107	3196	54232	0	0	14	6
31	109	5941	93044	0	0	0	160
28	100	1561	24690	0	0	50	28
31	111	7760	155763	4	120	2	160
31	111	5946	130960	0	0	0	155
30	81	691	11812	0	0	12	8
6	38	69	1596	0	0	128	11
10	102	1125	24441	0	0	44	18
31	110	2684	49396	0	0	2	115
5	46	108	2973	0	0	6	0
8	79	494	8740	0	0	0	4
……	……	……	……	……	……	……	……

　　将这些数据导入到 SPSS 中，单击"分析"→"分类"→"K-均值聚类"命令，弹出如图 6-40 所示的界面，由于 K-均值聚类要预先设置聚类数量，这里我们选择分为 3 类，当然也可以选择 4 类或者 5 类，比较一下聚类结果，看哪种类别的结果更易解释。

图 6-40

　　单击"迭代"按钮，会弹出如图 6-41 所示对话框，"最大迭代次数"写为 30，"收敛性标准"默认是 0。这里的"最大迭代次数"默认是 10，第一次计算结果的时候可以不调整，如果 10 次迭代后不能收敛到 0，那么可以把此值再调大一些。单击"继续"按钮，回到"K 均值聚类分析"界面。

图 6-41

　　单击"保存"按钮，弹出如图 6-42 所示界面。勾选"聚类成员"后，我们可以在样本数据的最后一列看到每一个样本的分类结果。单击"继续"按钮，回到"K 均值聚类分析"界面。

图 6-42

单击"选项"按钮，弹出如图 6-43 所示界面，勾选"初始聚类中心"和"ANOVA 表"，初始的聚类中心及方差分析结果会被展示出来。

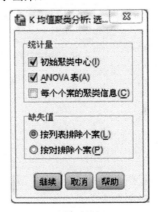

图 6-43

SPSS 给出的几个重要结果如下。

表 6-16 为快速聚类的迭代历史记录，在此步骤中，首先计算每个样本与初始中心点之间的距离，按照最近的原则进行归类，并计算新的类中心点，再按照新的类中心点重新开始计算每个样本与其距离，重复操作。从该表中我们可以看到当进行第 24 次迭代后，达到收敛标准。

表 6-16

迭　　代	聚类中心内的更改		
	1	2	3
1	5855.243	21866.139	28076.641
2	794.694	8610.089	18988.159
3	485.380	5997.714	16352.107
4	304.528	4225.754	10246.183
5	295.792	4144.105	7950.651
6	259.105	3311.235	5135.425
7	142.779	2126.145	3567.240
8	121.424	1685.513	2548.068

续表

迭　代	聚类中心内的更改		
	1	2	3
9	94.448	1461.012	2313.079
10	91.585	944.051	877.766
11	41.185	654.398	1076.816
12	20.175	432.346	827.342
13	23.139	201.880	103.597
14	13.131	269.671	510.333
15	13.067	198.950	299.219
16	12.981	163.186	197.501
17	19.402	138.907	0.0000
18	12.922	125.940	99.107
19	6.438	114.174	196.857
20	19.245	204.400	194.526
21	6.385	113.060	193.724
22	6.364	44.926	0.000
23	3.176	22.435	0.000
24	0.000	0.000	0.000

注：由于聚类中心内没有改动或改动较小而达到收敛。任何中心的最大绝对坐标更改为 0.000。当前迭代为 24。初始中心间的最小距离为 93392.962。

表 6-17 为最终的聚类中心结果，是各个类的均值，如果 3 类能够被解释，那么这个类中心点可以作为下一次建模的初始类中心点。

表 6-17

	聚类		
	1	2	3
day_count	10	23	30
level_id	42	97	109
total_login_counts	166	2066	5051
total_login_time	3076	36676	87199
pay_count	0	0	2
total_pay	13	42	90
pve	208	38	42
pvp	20	74	136

方差分析可看到这 8 个维度的变量对聚类结果贡献显著，因为这些变量的 P 值均小于 0.05。另外 F 统计量值的大小可以近似认为该变量对聚类贡献的大小。如表 6-18 所示，对聚类影响最重

要的指标为累计登录时长（total_login_time）、累计登录次数（total_login_counts）、最高等级（level_id）、竞技场参与次数（pvp）、登录天数（day_count）、刷副本次数（pve）、付费次数（pay_count）、付费金额（total_pay）。

表 6-18

	聚类		误差		F	Sig.
	均方	df	均方	df		
day_count	97864.621	2	88.187	6314	1109.739	.000
level_id	1444583.581	2	423.799	6314	3408.656	.000
total_login_counts	3.891E9	2	262922.186	6314	14798.877	.000
total_login_time	1.171E12	2	55124261.554	6314	21240.474	.000
pay_count	270.650	2	3.428	6314	78.950	.000
total_pay	961432.403	2	43884.560	6314	21.908	.000
pve	12108610.394	2	80862.693	6314	149.743	.000
pvp	2465636.811	2	1606.161	6314	1535.112	.000

表 6-19

聚类		1	5306.000
		2	750.000
		3	261.000
有效			6317.000
缺失			.000

表 6-19 给出了每个类别样本个数，但并没有提供有效的图表来描述每个类别的具体特征。我们可以根据每个类别进行分组，计算每个类别的均值。并根据均值在各个类别中的变化来判断类别的特征。依然对原始数据进行处理，单击"比较均值"，选择"均值"，弹出如图 6-44 所示窗口，将分类变量选进"自变量列表"，其他变量选进"因变量列表"。然后单击"选项"按钮，弹出"均值：选项"窗口，选择"均值"统计量，如图 6-45 所示，单击"继续"按钮，回到"均值"窗口，单击"确定"按钮。

表 6-20 为各指标在 3 个类别上的均值报告，从该报告中可以看到，第 1 类玩家的刷副本次数最高，可命名为副本用户，样本量 5306；第 2 类玩家在登录天数、等级方面较高，其他指标方面均介于第 1 类和第 3 类之间，可命名为中端活跃玩家，样本量 750；第 3 类玩家在竞技场参与次数、付费金额、累计登录时长均显著高于其他两类，可命名为高端死忠玩家，热爱 PVP，样本量 261。在对各类用户进行定位后，我们可以给出一些针对性的运营活动，促进玩家留存以及玩家付费。

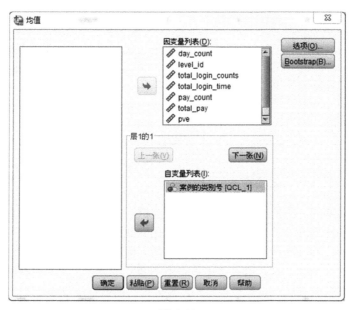

图 6-44

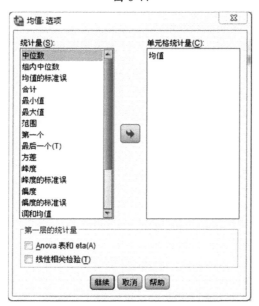

图 6-45

表 6-20

案例的类别号	day_count	level_id	total_login_counts	total_login_time	pay_count	total_pay	pve	pvp
1	9.93	42.14	166.06	3076.11	.21	12.62	208.03	19.80
2	23.09	97.17	2066.03	36676.37	.47	41.79	38.04	73.93
3	29.66	108.92	5051.13	87199.25	1.66	90.05	42.41	136.10
总计	12.31	51.43	593.47	10541.10	.30	19.28	181.00	31.03

6.3 案例：预订且登录用户分析

在游戏开启预订期间，我们做过预订用户来源分析，主要是结合问卷调查来了解，也根据历史游戏预订且登录的比例预估了新游戏开测后的转化率数据，那在游戏正式开测后，到底有多少预订用户会登录游戏，和预热期间做的转化率预估是否接近呢？另外，预订且登录游戏的用户有多少是公司其他游戏的用户，是新用户多还是老用户多，是端游玩家多还是手游玩家多，具体来自哪款游戏，用户质量怎么样。带着这些问题，我们以《游戏 D》为例，对预订且登录的用户进行分析。

1. 分析方法概述

主要采用对比分析、结构分析、分组分析法。比较重要的分析指标和定义如下。

- 预订用户登录转化率：预订用户中登录用户数量/预订用户数量
- 新用户：半年内注册过本公司游戏的用户
- 老用户：半年以上注册过本公司游戏的用户

2. 数据来源

预订用户数据、游戏登录、付费数据

3. 详细的分析过程

通过《游戏 D》的预订用户数据、公司所有游戏的登录游戏和付费数据，可统计汇总出如表6-21 所示的数据。

表 6-21

预订用户数（万人）	登录游戏用户数（万人）	预订→登录转化率	公测 2 天内付费率	公测 2 天内付费 ARPU	手游账号占比	端游账号占比	手游账号付费率	端游账号付费率	手游账号付费 ARPU	端游账号付费 ARPU
100	16	9%	25%	119	65%	86%	15%	59%	30	580

说明：手游和端游账号的付费率和 ARPU 值指近一年内分别在端游和手游的付费数据。

《游戏 D》激活码累计预订量 180 万个，其中登录游戏的账号 16 万个，转化率 9%，和预估值基本一致。

预订且登录用户中，有 70%的用户是在《游戏 D》公测之前登录过公司游戏，其中 86%的用户登录过公司端游，65%的用户登录过公司手游。端游用户的付费率和 ARPPU 比手游高，大 R 用户较多。

预订用户的质量高，其付费率和 ARPU 值是《游戏 A》所有用户的 1.5 倍（因端游中有时长收费游戏，所以付费率明显高于手游）。

上面提到，预订且登录用户中有 70%的用户登录过公司其他游戏，那么这些用户中有多少"新鲜血液"呢？通过新老用户的比例可以了解到《游戏 D》更吸引新用户还是老用户。

定义半年内注册的用户为新用户，其余为老用户，得出来自公司其他游戏的用户中新老用户比例各占一半。如图 6-46 所示。

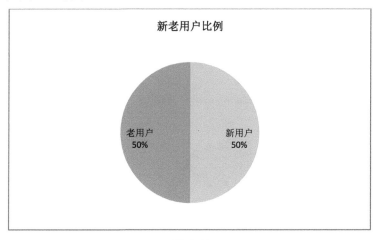

图 6-46

表 6-21 的数据显示，预订且登录《游戏 D》的公司用户中，有 86%的用户登录过公司端游，65%的用户登录过公司手游。这些用户的活跃情况如何，让我们了解下。

来自端游的用户中，60%为 6 个月内活跃的用户。如图 6-47 所示。

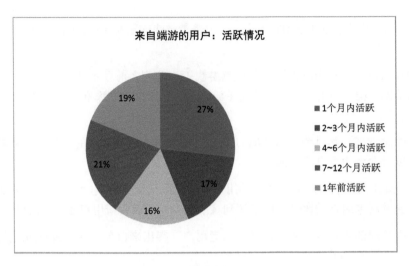

图 6-47

来自手游的用户中，28%为 6 个月内活跃的用户。如图 6-48 所示。

和图 6-47 的数据对比发现，来自端游的活跃用户比例高于手游用户。

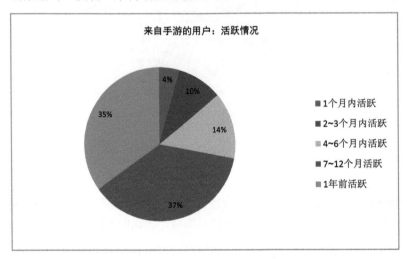

图 6-48

端游用户主要来自的游戏类型为 ARPG。如图 6-49 所示。

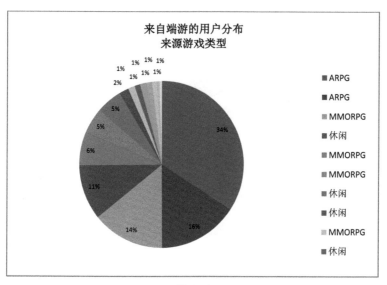

图 6-49

手游用户主要来自卡牌类游戏。如图 6-50 所示。

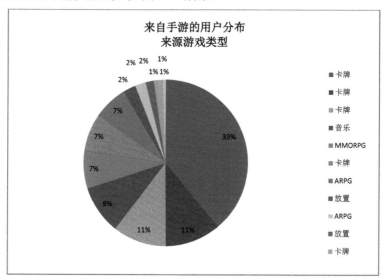

图 6-50

用户近一年内在端游的消耗金额主要集中在 100～5000 元，占比 78%。如图 6-51 所示。

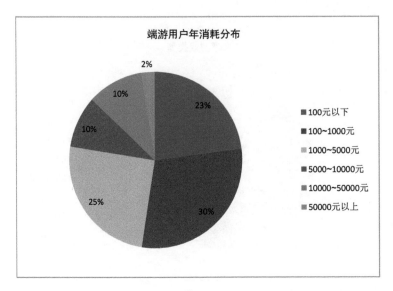

图 6-51

用户年龄主要集中在 25～28 岁，该用户群体的付费能力较强，是游戏付费数据好的主要原因之一。如图 6-52 所示。

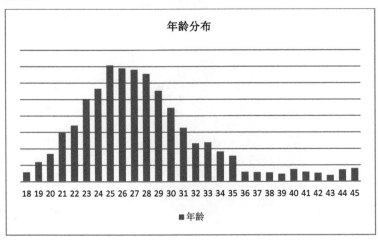

图 6-52

4. 分析结论

《游戏 D》激活码累计预订量 180 万个，其中登录游戏的账号 16 万个，转化率 9%，和预估值一致，其用户特征如下：

- 预订且登录用户中，86%的用户近一年内登录过公司端游，65%的用户登录过公司手游，新老用户各占一半。

- 来自端游的用户中，60%以上为活跃用户；来自手游的用户中，70%以上为流失用户。端游用户的活跃用户比例高于手游用户。
- 端游大 R 用户较多，近一年内消耗主要集中在 100～5000 元，占比 78%。
- 手游用户主要来自卡牌类游戏；端游用户主要来自 ARPG 游戏。

5. 小结

在以上的分析中，我们计算出预订用户的转化率，并且通过比较可知其与之前的预估数据基本接近。通过积累更多的游戏预订和预订转化数据，我们可以按不同类型的游戏做出预订用户转化率模型。转化率预估的准确性在一定程度上能帮助节省服务器资源，并为游戏发行提供很好的数据参考。

在《游戏 D》需要导入公司其他游戏的流失用户时，我们可以给到运营人员筛选用户的建议：选取该游戏的主要来源游戏用户。

第 7 章
公测期付费分析

怎样引导更多的活跃用户转化为付费用户，怎样留住当前的付费用户，都将成为公测期间游戏运营的重中之重。付费用户是指为你的产品花钱的那些人，他们在游戏中的行为是什么，他们为了什么而付费，他们不付费的原因是什么，这些我们必须要了解。只有了解了这些为什么，游戏流水才能保持相对稳定。本章主要从玩家购买道具习惯、道具定价、等级付费转化率、高端用户流失预警、收入下降原因分析这几个方面对游戏里玩家的付费行为进行深入探析，优化游戏付费结构。

以上是以卡牌游戏为例，通过不同类型玩家的消耗分布分析玩家的付费习惯，但大多数的游戏收入构成和案例所提到的不一样，卡牌类游戏的抽卡是玩家付费的一种形式，从共性上说是充值或消耗的占比。

因此，我们在做不同游戏的用户付费习惯分析时，需掌握关键的分析方法，比如如何对用户分类，如何划分高中低端用户，如何计算和划分用户将多少金额用于消耗某个模块的比例。抓取占比较大的模块进行深入分析沉淀，找出收入较低的模块，分析是否还有调优的空间。

7.1 案例：用户付费习惯分析

付费玩家在游戏里的主要消耗方式是什么？高中低端玩家的消耗方式有什么差异？有多少玩家愿意将多少金额花费在什么模式上？有多少付费玩家愿意将所有金额花费在一种模式上？下面以一款卡牌类手游为例，通过数据分析找到答案。

7.1.1 分析方法概述

主要采用对比分析、结构分析、分组分析、交叉分析法。

主要分析思路：

（1）为了解不同类型玩家购买游戏道具的习惯，需要对付费用户进行定义。现根据玩家在游戏中充值金额的分布情况，定义玩家类型，如下所示。

高端玩家：总充值金额≥10000 元；中端玩家： 10000 元>总充值金额≥500 元；低端玩家：总充值金额<500 元。

（2）通过各模块的付费人数和收入分布，从宏观上了解这款游戏的收入构成。

（3）分析玩家付费习惯。

- 对比三类玩家将钻石全部用在一种模块上的比例差异
- 对比三类玩家将不同比例的钻石用在各个模块上的比例差异

7.1.2　数据来源

- 游戏内玩家充值数据，包含字段：日期账号、充值金额
- 游戏内玩家消耗数据，包括字段：日期、账号、购买的商品名称、购买数量、付贷金额

7.1.3　各个付费模块的用户消耗情况

该游戏的收入构成主要有 5 个模块，分别为 1 次单抽、11 连抽、战斗复活、恢复 HP、增加卡库上限。我们先通过各模块的付费人数和收入分布，从宏观上了解这款游戏的收入构成。

由图 7-1 和图 7-2 可以看见，1 次单抽的消耗人数最多，占比 78%，11 次连抽的消耗金额最高，占比 50%。

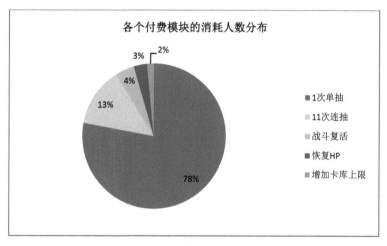

图 7-1

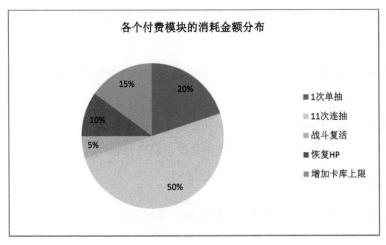

图 7-2

7.1.4 不同类型玩家单一消耗分布

上面我们了解到 1 次单抽的消耗人数最多，11 次连抽的消耗金额最高，那么，高、中、低端玩家的消耗习惯有什么区别，我们进一步来分析，先分析不同类型玩家中有多少用户愿意将所有的金额花费在一种模式上。

如图 7-3 所示，高、中、低三类玩家中均有一定比例成员孤注一掷将所有钻石用在单一的消耗方式上。其中，"单次抽卡"这种消耗方式占比最高，有 8%的低端用户将全部钻石放在单抽上。

将全部钻石放在单抽上的低端类型成员中有 37%仅充值一次（此处图表省略）。

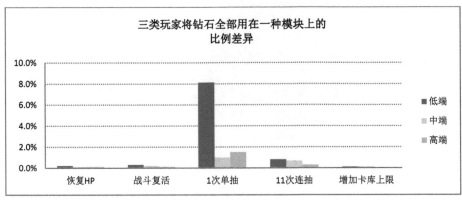

图 7-3

7.1.5　不同类型玩家的消耗分布

接着，我们来分析高、中、低三类玩家在各个模块上的消耗金额（钻石）分布。

为了能清晰了解各类玩家愿意将多少钻石花在不同的模块上，我们需要做一张表格，将钻石消耗量按 10 个区间分布（每个区间增加 10%），如表 7-1 所示。

表 7-1 是高、中、低三类玩家在各个模块上的消耗金额分布明细数据。其中，第 1 行的比例表示钻石消耗量占比，从第 2 行开始至最后一行的比例表示人数占比。比如：

第 2 行的第 3 列 62.2%表示：62.2%的低端用户将钻石总量的 0%～10%消耗在恢复 HP 上。

表 7-1

消耗类型	玩家类型	(0, 10%)	[10%, 20%)	[20%, 30%)	[30%, 40%)	[40%, 50%)	[50%, 60%)	[60%, 70%)	[70%, 80%)	[80%, 90%)	[90%, 100%)	100%
恢复 HP	低端	62.2%	18.9%	10.4%	4.9%	2.1%	0.8%	0.3%	0.1%	0.1%	0.0%	0.1%
恢复 HP	中端	54.1%	26.2%	12.6%	4.8%	1.5%	0.5%	0.2%	0.0%	0.0%	0.0%	0.0%
恢复 HP	高端	77.6%	18.4%	3.0%	0.6%	0.2%	0.0%	0.1%	0.0%	0.0%	0.0%	0.0%
战斗复活	低端	99.0%	0.5%	0.3%	0.2%	0.0%	0.0%	0.0%	0.0%	0.0%	0.0%	0.2%
战斗复活	中端	99.5%	0.4%	0.0%	0.0%	0.0%	0.0%	0.0%	0.0%	0.0%	0.0%	0.0%
战斗复活	高端	99.9%	0.0%	0.0%	0.0%	0.0%	0.0%	0.0%	0.0%	0.0%	0.0%	0.1%
1 次单抽	低端	8.8%	5.9%	6.8%	7.5%	8.4%	9.5%	10.2%	10.1%	9.7%	14.9%	8.3%
1 次单抽	中端	14.5%	12.3%	13.0%	13.1%	12.8%	11.9%	9.6%	6.6%	3.3%	1.8%	1.1%
1 次单抽	高端	40.0%	23.4%	14.8%	9.5%	5.8%	2.5%	1.1%	0.6%	0.3%	0.4%	1.7%
11 次连抽	低端	42.6%	8.7%	8.7%	7.9%	7.2%	6.5%	5.6%	5.0%	4.0%	3.1%	0.7%
11 次连抽	中端	8.4%	8.7%	10.6%	11.9%	12.4%	12.7%	11.6%	10.5%	8.0%	4.8%	0.4%
11 次连抽	高端	2.4%	0.4%	1.4%	2.4%	5.4%	9.1%	13.0%	20.3%	25.6%	19.9%	0.2%
增加卡库上限	低端	99.6%	0.3%	0.0%	0.0%	0.0%	0.0%	0.0%	0.0%	0.0%	0.0%	0.1%
增加卡库上限	中端	99.9%	0.1%	0.0%	0.0%	0.0%	0.0%	0.0%	0.0%	0.0%	0.0%	0.0%
增加卡库上限	高端	100.0%	0.0%	0.0%	0.0%	0.0%	0.0%	0.0%	0.0%	0.0%	0.0%	0.0%

为了更直观地比较不同类型玩家在各模块的消耗差异，我们对单个模块的用户逐一进行比较，分别比较单抽卡、11 连抽、恢复 HP、战斗复活和增加卡库上限。

> ➢ 单抽卡

低端类型在每个比例上的成员数均衡，突出表现在有 8.26%（4562 个）的低端成员将钻石全下注在单抽，这部分成员有 37%是只充一次（6 元、12 元）。

中端玩家相比低端玩家的冒失，显得谨慎，不轻易将家当的 80%以上放在单抽。

高端玩家不屑于单抽，63%的成员选择消耗钻石总量的 20%在单抽卡。

如图 7-4 所示。

注释：下面图表涉及的名词，比例=玩家在某一个类型下消耗的钻石量/玩家消耗钻石总量。

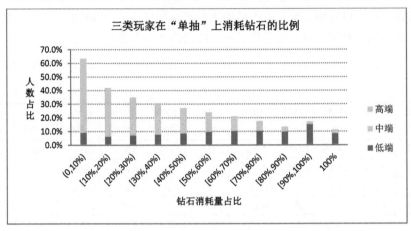

图 7-4

➤ 11 连抽

高端玩家的突出优势是钻石多，65%的成员将家当的 70%～100%放在 11 连抽上。

低端玩家更多是停留在 10%比例。

如图 7-5 所示。

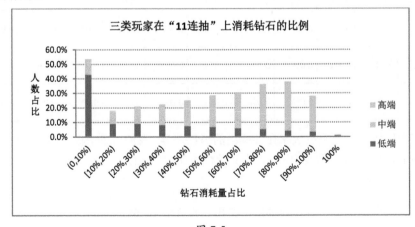

图 7-5

➤ 恢复 HP

62%的低端类型成员为"恢复 HP"，消耗的爱心量小于其家当的 10% 。

仅有 0.97%的高端玩家将家当的 30%以上消耗在恢复 HP 上。

如图 7-6 所示。

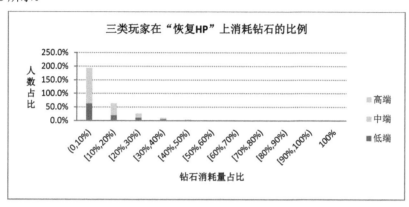

图 7-6

➤ 战斗复活

高中低端玩家中均超过 99%的成员为"战斗复活"消耗的钻石小于其家当的 10%。

三种类型的玩家严重轻视"战斗复活"。

如图 7-7 所示。

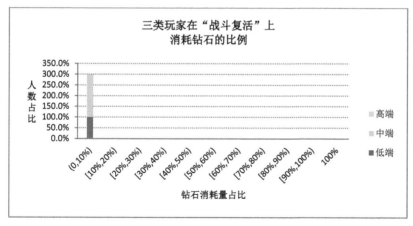

图 7-7

> ➤ 增加卡库上限

高中低端玩家中均超过 99%的成员为"增加卡库上限"消耗的钻石小于其家当的 10%。

100%的高端玩家为"增加卡库上限"消耗的钻石小于其家当的 10%。

三种类型的玩家严重轻视"增加卡库上限"。

如图 7-8 所示。

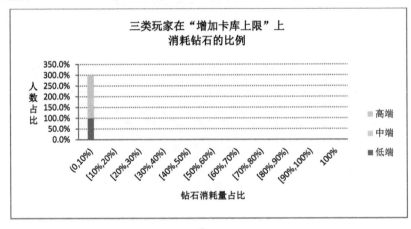

图 7-8

7.1.6　分析结论

通过以上详细分析，得出结论：

（1）1 次单抽的消耗人数最多，占比 78%，11 次连抽的消耗金额最高，占比 50%。

（2）"战斗复活""增加卡库上限"两种类型的钻石消耗方式不受大众青睐：三类玩家中各自 99%以上的成员在这两个类型上的消耗量小于各成员消耗钻石总量的 10%。

（3）三类玩家各成员在"恢复 HP"类型的消耗量与钻石消耗总量的比例集中在（0,10%]，高端类型成员更轻视"恢复 HP"类型，不到 1%的成员会将钻石的 30%消耗在此类型。

（4）三类玩家各成员在抽卡上的消耗比例的分布趋于平缓，不突兀，高中低三类玩家的消耗比例的分布呈现差异化：

- 低端玩家倾向于将全部钻石消耗于单抽卡，其中有 8.26%的低端类型成员将所有的钻石消耗在单抽上；与单抽相反，60%的低端成员对"11 连抽"的投入小于钻石总消耗量的 30%，可能是性价比不满意。

- 中端类型成员单抽更为保守，仅 13%的中端类型成员愿意将 70%的钻石放在单抽上；11 连抽上的消耗比例分布类似于正态，趋于中间多，两边较少。

- 高端玩家更加看重"11 连抽",对单抽不屑,66%的高端成员会将消耗钻石总量的 70% 以上投入到"11 连抽",甚至有 20%以上成员投入超过总量的 90%;63%的高端类型成员在单抽上的花费不足总量的 20%。

7.1.7　小结

以上是以卡牌游戏为例,通过不同类型玩家的消耗分布分析玩家的付费习惯,但大多数的游戏收入构成和案例所提到的不一样,卡牌类游戏的抽卡是玩家付费的一种形式,从共性上说是充值或消耗的占比。

因此,我们在做不同游戏的用户付费习惯分析时,需掌握关键的分析方法,比如如何对用户分类,如何划分高中低端用户,如何计算和划分用户将多少金额用于消耗某个模块的比例。抓取占比较大的模块进行深入分析沉淀,找出收入较低的模块,分析是否还有调优的空间。

7.2　案例:高端用户预流失模型

高端用户的预流失管理是每个游戏公司都会关注的一个问题。高端用户的消费行为是游戏的生命线,游戏流水中的很大一部分都是由高端用户贡献的,服务好每一位高端用户是运营团队工作的重中之重。那怎样做好高端用户的预流失管理呢?也就是提前预知哪些高端用户即将流失。以下将利用统计学的逻辑回归模型来对高端用户的流失概率进行预测。

1. 逻辑回归模型

译作 Logit 模型(Logit model,也译作"评定模型""分类评定模型",又作 Logistic regression,"逻辑回归")是离散选择法模型之一,属于多重变量分析范畴,是社会学、生物统计学、临床、数量心理学、计量经济学、市场营销等统计实证分析的常用方法。逻辑分布(Logistic distribution)公式为:$P(Y=1 \mid X=x)=\exp(x'\beta)/(1+\exp(x'\beta))$,其中参数 β 常用极大似然估计。

经数学变换可以得到:

$$\ln \frac{p}{1-p} = \beta_0 + \beta_1 x_1 + \beta_2 x_2 + \beta_3 x_3 + \cdots + \beta_n x_n = \text{logit}（P）$$

其中 P 为事件发生的概率,$1-P$ 为事件未发生的概率,事件发生的概率与事件未发生的概率的自然对数,称为 P 的 logit 变换,记为 logit(P)。关于逻辑回归更详尽的介绍,大家可以参考统计学的相关书籍,这里不做详尽介绍。

2.《全民×××》高端玩家流失预警模型

(1)指标遴选及流失定义

我们取建模时间点前 14 天为样本观察窗口,建模时间点后 7 天为表现窗口(见图 7-9),即观察前 14 天登录过的高端用户在后 7 天是否再次登录,如果没有登录,即记为流失。

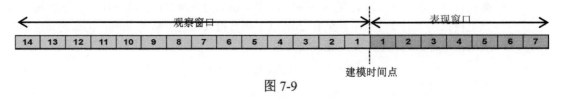

图 7-9

关于指标遴选，这里罗列与流失可能相关的指标（见表 7-2），主要以登录和付费两方面为主，简单介绍一下模型应用。有兴趣的朋友可以拓展到游戏的其他模块指标，如 PVE、PVP、社交、任务、抽卡等，不同类型的游戏可能遴选的指标会有所差异。

表 7-2

类　　型	变量名	变量解释
充值	total_pay	累计充值金额
	pay_days	累计充值天数
	pay_count	累计充值次数
	pay_last_day_now	末次充值距今天数
登录	login_day	累计登录天数
	login_last_day_now	末次登录距今天数

（2）用 SPSS 做二元逻辑回归预测

在做 Logistics 回归之前，我们要先对你要做预测的变量做相关分析，找出和因变量相关性程度较高的自变量；此外如果你的数据有很多变量，需要先对变量进行降维。我这里就不做了，直接用已经处理之后的数据。

我们以《全民×××》2015 年 2 月 1 日至 2 月 14 日的高端用户作为训练样本，样本总量为5218，统计这些玩家在已遴选指标上的数据（见表 7-3），并且判断该批高端用户在 15 日至 21 日的登录状况，登录记为 1，未登录记为 0（即流失）。

表 7-3

pay_last_day_now	pay_days	pay_count	total_pay	login_day	login_last_day_now	is_lost
2	2	5	102	6	0	1
3	2	4	188	6	0	1
2	1	6	200	3	0	1
11	1	1	6	13	0	1
7	1	5	54	8	0	1
0	2	2	36	6	0	1
3	1	5	1302	4	0	1
1	1	4	1822	3	0	1

续表

pay_last_day_now	pay_days	pay_count	total_pay	login_day	login_last_day_now	is_lost
2	1	1	6	3	0	1
5	1	1	6	9	0	1
3	1	2	228	12	0	1
6	1	1	6	8	0	1
7	1	1	30	8	0	1
1	2	6	60	8	0	1
4	2	3	134	8	0	1
3	1	4	1272	4	0	1
3	1	5	1302	5	0	1
9	2	3	456	12	0	1
4	2	2	128	8	0	1
7	1	2	128	8	0	1
3	1	1	30	8	0	1
9	1	1	6	6	8	0
9	4	5	30	7	7	0
9	1	1	6	2	8	0
12	1	1	6	8	6	0
7	1	3	134	2	6	0
4	1	4	2592	9	4	0
12	1	2	60	12	0	0
5	1	2	228	1	5	0
13	1	2	128	3	11	0
12	1	1	30	5	4	0
13	1	1	6	8	6	0
7	1	1	30	2	6	0
7	1	1	6	1	7	0
9	3	3	18	7	7	0
9	1	1	6	14	0	1
2	5	7	604	8	0	1
1	1	9	194	7	0	1
...	...	...	...	...	...	...

　　将这些数据导入到 SPSS 中，单击"分析"，选择"回归"，然后选择"二元 Logistics 回归"，弹出如图 7-10 所示的界面。

图 7-10

把 is_lost 移到"因变量"框里面，把其余的变量移到"协变量"框里面，然后单击"保存"按钮，弹出"Logistics 回归：保存"窗口，选择"预测值"下面的"概率"（见图 7-11），完成之后单击"继续"按钮，回到刚刚的"Logistic 回归"窗口之后单击"确定"按钮，就进行了"Logistics回归分析"。它会在你原始的数据表格里面新增加一列数据，这列值就是事件发生的概率值。

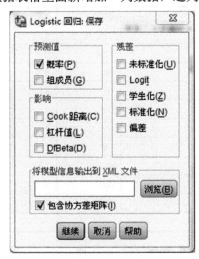

图 7-11

训练样本的二元 Logistics 回归分析结果如下。

表 7-4 为样本分类表，切割值为 0.5，模型的预测准确度为 87.3%，其中流失的预测准确度为 71.2%，未流失的预测准确度为 95.5%。

表 7-4

	已观测		已预测		
			is_lost		百分比校正
			0	1	
步骤 1	is_lost	0	1252	507	71.2
		1	154	3305	95.5
	总计百分比				87.3

切割值为 0.500

表 7-5 方程中的变量为二元 Logistics 回归分析结果非常重要的一张表格，表格里面的第二列就是回归方程的系数，写成回归方程就是：

$$\text{logit}\,(P) = 1.636 - 0.155\text{pay\_last\_day\_now} - 0.195\text{pay\_days} + 0.197\text{login\_day}$$
$$- 0.659\text{login\_last\_day\_now}$$

其中由于变量 pay_count、total_pay 的 P 值为 0.562、0.339，均要大于 0.05，统计学意义不显著，可以忽略。我们可以用该模型对需要预测的样本进行预测。

表 7-5

		B	S.E,	Wals	df	Sig.	Exp（B）
步骤 1a	pay_last_day_now	-0.155	0.021	53.831	1	0.000	0.856
	pay_days	-0.195	0.100	3.829	1	0.050	0.823
	pay_count	0.027	0.036	0.562	1	0.454	1.028
	total_pay	0.000	0.000	0.339	1	0.561	1.000
	login_day	0.197	0.021	90.347	1	0.000	1.217
	login_last_day_now	-0.659	0.035	355.159	1	0.000	0.518
	常量	1.636	0.139	137.931	1	0.000	5.135

（3）模型评估

流失预警模型通常从准确率、命中率、覆盖率三个维度去评估。

- 准确率=（正确预测为流失的用户数+正确预测为不流失的用户数）/总用户数
- 命中率=正确预测为流失的用户数 / 预测为流失的用户数
- 覆盖率=正确预测为流失的用户数 / 实际为流失的用户数

假定预测概率的切割值为 0.5，本例中模型的准确率、命中率、覆盖率分别如表 7-6 所示。

表 7-6

		预 测			准确性度量	
		不流失	流失	总计		
实际	不流失	3305	154	3459	准确率	(3305+1252)/5218=87%
	流失	507	1252	1759	命中率	1252/1406=89%
	总计	3812	1406	5218	覆盖率	1252/1759=71%

从表 7-6 中我们可以看到尽管模型的准确率较高，达到 87%。但模型的覆盖率不算太高，为 71%。也就是说 100 位实际流失用户中，只有 71 位用户被我们的模型正确预测。因此该模型还存在优化空间，我们希望追求更高的准确率，以及更高的覆盖率。

7.3 案例：装备定价策略分析

道具定价是游戏运营人员要面临的一个十分实际的问题，到底一件道具（特别是高价值道具）定价多少元宝或者多少钻石才是玩家能接受的呢？下面我们引入 PSM 模型来对这个问题进行量化，从玩家的角度对道具给出合理的价格区间。

1. PSM 模型

PSM 模型也即价格敏感度测试模型，是目前在价格测试的诸多模型中最简单、最实用的。为大多数市场研究公司所认可。通过 PSM 模型，不仅可以得出最优价格，而且可以得出合理的价格区间。PSM 价格敏感度分析方法是在 20 世纪 70 年代由 Van Westendrop 所创建的。其特点为所有价格测试过程完全基于被访者的自然反应，没有任何竞争对手甚至自身产品的任何信息。

PSM 模型的要点在于通过定性研究，设计出能够涵盖产品可能的价格区间的价格梯度表，然后在有代表性的样本中，请被访者在此价格梯度表上做出四项选择：有点高但可以接受的价格、有点低但可以接受的价格、太高而不会接受的价格、太低而不会接受的价格。对样本的这几个价格点，分别求其上向和下向累积百分比，以此累积百分比作价格需求弹性曲线，四条曲线的交点标出了产品的合适价格区间、最优定价点以及次优定价点。

如图 7-12 所示为 PSM 模型的实施流程图。

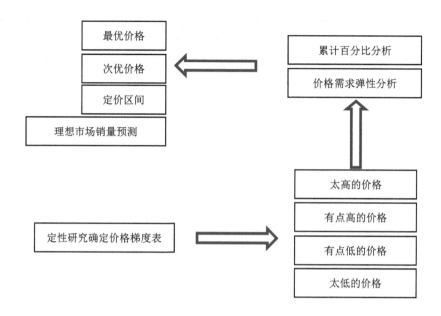

图 7-12

2.《全民×××》至尊套装价格确认

PSM 模型在实际应用中也非常简单,以《全民×××》至尊套装定价为例,首先可以划分我们可以给出的价格档位,比如套装可以确定的价格梯度表为 1000 钻、2000 钻、3000 钻、4000 钻、5000 钻、6000 钻、7000 钻、8000 钻、9000 钻、10000 钻;然后对 5000 玩家进行调研,询问玩家如下 4 个问题:

(1)什么样的价格您认为太便宜,以至于您怀疑它的品质而不去购买?

(2)什么样的价格比较便宜,并且是最能吸引您购买的促销价呢?

(3)什么样的价格是您认为贵,但仍可接受的价格?(比较贵的价格)

(4)什么样的价格太高,以至于不能接受?(太贵以至于不购买的价格)

在对每一个玩家调研之后,我们可以得到 4 个价格,例如玩家 A 认为 2000 钻太便宜、3000 钻比较便宜、7000 钻贵、9000 钻价格太高。统计分析时,最低价格、较低价格的百分比进行向下累计统计,即认为 2000 钻太便宜的玩家 A,同样会认为 1000 钻太便宜;认为 3000 钻比较便宜,同样会认为 1000 钻、2000 钻比较便宜。最高价格、较高价格的百分比进行向上累计统计,即认为 7000 钻贵的话,同样会认为 8000 钻、9000 钻、10000 钻贵;认为 9000 钻价格太高的话,同样会认为 10000 钻价格太高。以此类推,我们可以得到上述 4 类问题的累计人数百分比(见表 7-7)。

表 7-7

价格（钻）	太便宜	便宜	贵	太贵
1000	100%	100%	0%	0%
2000	67%	83%	4%	2%
3000	49%	65%	8%	6%
4000	35%	51%	17%	11%
5000	29%	37%	29%	21%
6000	21%	31%	41%	29%
7000	15%	19%	49%	39%
8000	8%	10%	63%	57%
9000	2%	5%	79%	71%
10000	0%	0%	100%	100%

4 种价格形成 4 条价格曲线，包括太便宜价格曲线、便宜价格曲线、贵价格曲线、太贵价格曲线。从这 4 条曲线还可以获得两个价格点和一个合理定价范围（见图 7-13）。

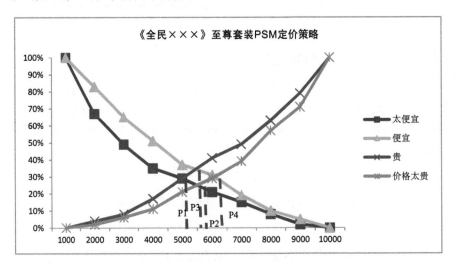

图 7-13

（1）无差异价格点 P3：便宜价格曲线与贵价格曲线的交点。在该价格点上，认为价格便宜而购买该装备的人数，与认为价格贵但仍愿意购买的人数相等。表明人们对该价格点的感觉最为平淡。

（2）理想价格点 P2：太便宜价格曲线与太贵价格曲线的交点，在该价格点上，认为价格太贵而不愿意购买该装备的人数，与认为价格太便宜而不愿意购买该装备的人数相等。该价格点是追求市场最大化的理想价格点，而不是利润最大化的价格点。即在这一价格点上，销售规模最大。

（3）P1、P4 为装备的合理定价区间：P1 为合理定价区间的最低点，贵价格曲线和太便宜价格曲线的交点，在该价格点上认为贵和太便宜的人数相等；P4 合理定价区间的最高点，便宜价格曲线和太贵价格曲线的交点，在该价格点上认为便宜和认为价格太高的人数相等。

因此《全民×××》至尊套装定价区间应该在 5000 钻到 6000 钻。如果定价 5500 钻，我们可以获得最大的销售量。

7.4　案例：游戏收入下降原因分析

游戏收入下降是运营人员碰到的常见问题，也是非常令人头疼的问题。准备定位游戏收入下降的原因十分关键，能够帮助运营人员快速做出策略调整，以免收入进一步下降！收入下降通常的原因总结如下：

- 数据统计自身原因，如数据抓取失败（部分区服没有抓到数据、收入计算逻辑出错等）；
- 系统异常，如服务器故障、充值故障、游戏 bug；
- 付费类运营活动结束、节假日效应结束；
- 玩家流失严重；
- 竞品游戏公测或重大活动；
- 当前高级道具价值下降，没有新道具出现，需求乏力；
- 版本更新太慢，玩家没有新的消费点刺激。

《全民×××》收入大幅度下降原因分析

图 7-14 为《全民×××》2015 年 10 月 1 日至 10 月 14 日两周的流水数据，其中 10 月 8 日降幅比较大，10 月 8 日相对前一天收入下降 48%，10 月的 8 至 14 日相对之前的一周日均收入下降 30%。首先我们可以确定近段时间的收入下降远远超出我们的预期，相较自然下降，幅度偏大。我们可以从收入构成、用户构成两方面去探究原因。

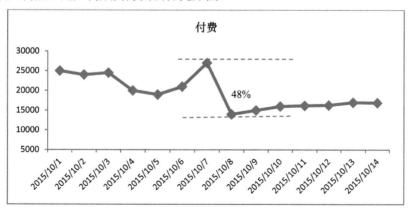

图 7-14

首先我们看看分区服的收入构成，该游戏目前开了三个区服，分区服的流水数据如图 7-15 所示，图中我们看到游戏流水的下降主要由于 1 区服的流水下降造成，那么作为收入主力的 1 区服，为什么有这么大的流水降幅呢？下面再看看 1 区服付费用户分层状况（见图 7-16）。

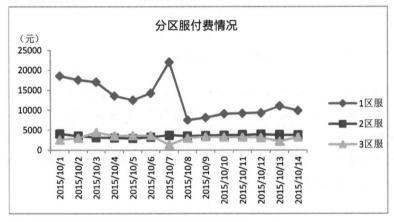

图 7-15

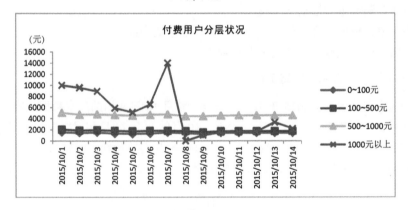

图 7-16

1 区服付费用户可以分为 4 层，分别为 100 元以下、100 至 500 元、500 至 1000 元、1000 元以上，从这 4 层用户的付费状况可以看到，付费的下降主要是由 1000 元以上这一层付费用户的付费引起的，也即为 1 区服的高端用户。那我们进一步思考，这批用户付费下降了，到底是由于他们离开了游戏，还是只是短暂的无消费需求呢？为了确认这一问题，我们可以看看 10 月 1 日至 7 日这批高端付费用户后续的游戏活跃状况（见图 7-17）。

1 区高端用户在 10 月 8 日至 14 日活跃相对稳定，并没有降低的迹象，这些玩家依然留存在游戏中，付费的下降并非是由于玩家流失造成的。结合运营活动规划我们可以了解到，由于在 21 日，新道具首先在 1 区推出，导致高端用户快速满足需求，后期失去了付费动力。

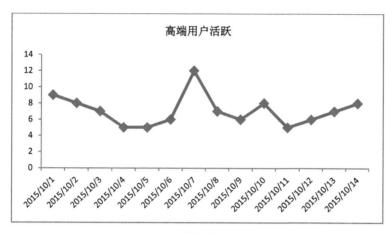

图 7-17

7.5 案例：分析游戏的收入指标完成情况及数据预警

游戏公司一般都会制定收入指标，数据分析师需监控收入完成情况，设置预警指标，定位数据异动点并找出原因，让决策者及时了解游戏运营情况，为运营方案的制定提供数据支持，促进游戏健康发展。

下面以某个工作室的游戏为例，分析工作室总体及各游戏的收入指标完成情况。

7.5.1 分析方法概述

主要从指标完成情况、当前时间进度完成率、本季度和上季度同期对比、本周收入和上周对比、数据预警这 5 个方面入手进行分析。

比较重要的分析指标如下。

- 时间进度：季度已过天数/当前季度天数×100%
- 完成率：收入完成量/收入指标
- 当前时间进度完成率：收入完成量/（日均收入指标×已完成天数）
- 缺口：预计完成量−指标

1. 数据来源

游戏收入数据，这里的游戏收入指流水，包含端游和手游流水，端游流水指消耗金额，手游流水指充值金额。

2. 指标完成情况

某工作室有三款游戏，其中一款端游、两款手游，2017 年第 1 季度总收入指标为 1.7 亿元。

截至 3 月 5 日，累计收入为 1.63 亿元，完成指标的 90.4%，剩余 26 天，日收入达到 62.8 万元就能完成指标 。其中：

《游戏 A》已完成指标的 100.4%,《游戏 B》已完成指标的 89.8%,《游戏 C》已完成指标的 61.3%。

第 1 季度已完成日均收入 241 万元（指标 189 万元），其中《游戏 A》141 万元，《游戏 B》70 万元，《游戏 C》29 万元。

如表 7-8 和图 7-18 所示。

表 7-8

	游戏 A	游戏 B	游戏 C	总　计
第 1 季度收入指标	¥90 000 000	¥50 000 000	¥30 000 000	¥170 000 000
第 1 季度日均收入指标	¥1 000 000	¥555 556	¥508 474.58	¥1 888 889
第 1 季度完成量	¥90 393 522	¥44 885 984	¥18 386 640	¥153 666 146
第 1 季度指标剩余量	¥−393 522	¥5 114 017	¥11 613 360	¥16 333 855
完成率	100.4%	89.8%	61.3%	90.4%
已完成日均收入	¥1 412 399	¥701 43	¥287 291	¥2 401 034
剩余日指标	¥−15 135.46	¥196 692.94	¥446 667.69	¥628 225

说明：以上数据在实际数据的基础上进行了微调。

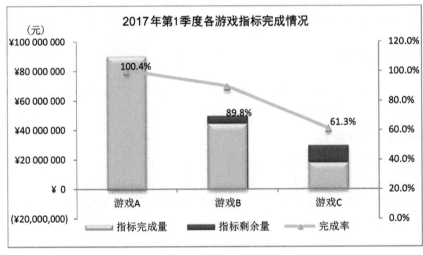

图 7-18

3. 当前时间进度完成率

以上第 1 点的指标完成情况反映了季度内的指标完成率，对比各个游戏之间的数据也直观反映出哪款游戏的完成率较高。但是,因为指标的设定是以季度为考核周期,在指标完成率小于 100% 之前,我们认为没有完成指标,而实际完成的日均收入可能已经超过了日均的收入指标,因此,我们需要增加时间进度这个概念，详细数据如下。

第 1 季度总共 90 天，目前已过了 64 天，时间进度为 71.1%，当前时间进度完成率为 118.6%。其中，《游戏 A》《游戏 B》高于时间进度，完成率分别为 141.2%、126.2%。《游戏 C》低于时间进度，完成率为 61.3%。如表 7-9 和图 7-19 所示。

图 7-19 和图 7-18 的数据对比，《游戏 B》的指标完成率虽然不到 100%（89.8%），但是其时间金额完成率却超过了 100%（126.2%）。说明这款游戏虽然目前没有完成季度总指标，但是目前的日均收入已经超过了日均收入指标。

表 7-9

当前时间进度	游戏 A	游戏 B	游戏 C	总　计
第 1 季度指标	¥64 000 000	¥35 555 555.56	¥21 333 333	¥120 888 889
第 1 季度完成量	¥90 393 522	¥44 885 984	¥18 386 640	¥153 666 146
当前时间进度完成率	141.2%	126.2%	86.2%	127.1%

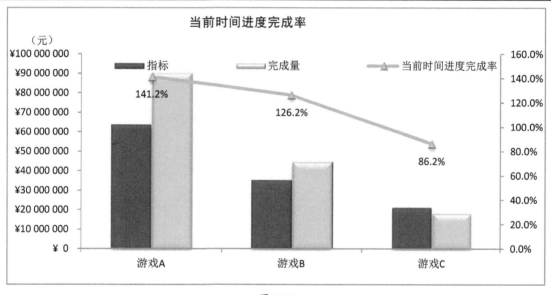

图 7-19

说明：

时间进度=季度已过天数/季度总天数

时间进度完成率=完成量/（日均收入指标×已完成天数）

4. 本季度和上季度同期对比

和上季度对比，工作室 2017 年第 1 季度较 2016 年第 4 季度同期收入高 309 万元。如表 7-10

和图 7-20 所示。

以上的数据表明不仅本季度收入指标完成得较好，也比上季度同期的收入高，说明工作室的收入保持良性增长，并不是因为本季度的收入指标低，所以完成率比较高。

表 7-10

	游戏 A	游戏 B	游戏 C	总　　计
2017 年第 1 季度完成量	¥90 393 522	¥44 885 984	¥18 386 640	¥135 279 506
2016 年第 4 季度同期完成量	¥82 585 404	¥49 603 445	¥21 386 640	¥132 188 849
2017 年第 1 季度～2016 年第 4 季度	7 808 118	−4 717 461	−3 000 000	3 090 657
2017 年第 1 季度～2016 年第 4 季度	109%	90%	86%	102%

图 7-20

5. 本周收入和上周对比

每周的收入对比能及时了解近一周的收入变化情况，并分析收入上涨或下降的原因，比如活动、版本等对收入的影响。以下是工作室本周和上周的详细数据对比以及第 1 季度每周的收入趋势。

本周日均收入 145 万元，较上周下滑 3.5%。其中《游戏 A》下滑 12.8%。

上周《游戏 A》3.0 版本更新，日收入高达 229 万元，随后收入逐渐回落。版本更新 7 天后上新道具，5 天内道具收入共 230 万元，占总收入的 50%，因此减少了本周收入下降的幅度。

如表 7-11、图 7-21 和图 7-22 所示。

表 7-11

游戏	本周	上周	本周较上周变化幅度	本周较上周变化金额
游戏 A	¥876 140	¥1 004 416	−12.8%	¥−128 276
游戏 B	¥506 141	¥443 343	14.2%	¥62 797
游戏 C	¥65 769	¥53 150	23.7%	¥12 619
总计	¥1 448 049	¥1 500 910	−3.5%	¥−52 860

图 7-21

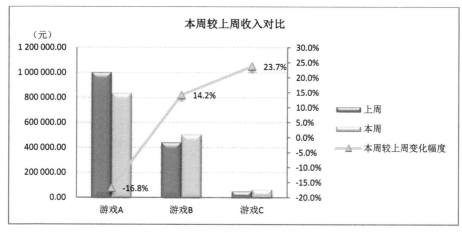

图 7-22

6. 数据预警

按目前趋势，预估工作室第 1 季度完成收入 1.9 亿元，指标完成率为 112%，相较于指标超额完成 4609 万元。其中，《游戏 A》超额完成 3712 万元，《游戏 B》超额完成 1312 万元，《游戏 C》收入缺口 141 万元。

如表 7-12 和图 7-23 所示。

表 7-12

	第 1 季度指标	截至目前已完成收入	完成比例	当前时间进度	预计完成量（按当前进度预估）	预计完成率	缺口（预计完成量−指标）	剩余天数每天需完成的收入
游戏 A	90 000 000	90 393 522	100%	71%	127 115 890	141%	37 115 890	−15 135
游戏 B	50 000 000	44 885 984	90%		63 120 914	126%	13 120 914	196 693
游戏 C	30 000 000	18 386 640	61%		25 856 213	86%	-4 143 788	446 668
合计	170 000 000	153 666 146	90%		190 236 805	112%	46 093 017	628 225

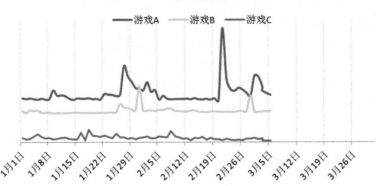

图 7-23

7.5.2 分析结论

某工作室 2017 年第 1 季度总收入指标为 1.7 亿元。截至 3 月 5 日，累计收入为 1.63 亿元，完成指标的 90.4%（第 1 季度时间进度 71%，当前时间进度完成率 118.6%），剩余 26 天，日收入达到 62.8 万元就能完成指标。

➢ 指标完成情况

《游戏 A》《游戏 B》高于时间进度，完成率为 141.2%、126.2%。《游戏 C》低于时间进度，完成率为 61.3%。

➢ 日均收入

第 1 季度已完成日均收入 241 万元（指标 189 万元），其中《游戏 A》141 万元，《游戏 B》70万元，《游戏 C》29 万元。

本周日均收入 145 万元，较上周下滑 3.5%。其中《游戏 A》下滑 12.8%。

上周《游戏 A》3.0 版本更新，日收入高达 229 万元，随后收入逐渐回落。版本更新 7 天后上新道具，5 天内道具收入共 230 万元，占总收入的 50%，因此减少了本周收入下降的幅度

> ➢ 和上个季度对比

2017 年第 1 季度较 2016 年第 4 季度同期收入高 309 万元，工作室的收入保持良性的增长。

> ➢ 数据预警

按目前趋势，预估工作室第 1 季度完成收入 1.9 亿元，指标完成率为 112%，相较于指标超额完成 4609 万元。其中，《游戏 A》超额完成 3712 万元，《游戏 B》超额完成 1312 万元，《游戏 C》收入缺口 141 万元。

7.5.3 小结

收入完成情况和数据预警报告，发送频率一般是每周一次，这份报告，能让决策者对工作室各游戏的运营情况有全面地了解，并能较为及时地发现运营活动和版本带来的收入变化，能为运营方案和指标的制定提供数据支持，促进游戏健康发展。

第 8 章
公测期版本分析

　　游戏上线后不免要频繁地进行版本更新，因此对版本更新的评估尤为重要。新版本增加了一些什么样的模块，什么样的玩法；对于这些模块和玩法，玩家的参与度能达到多高；对活跃和付费的影响是怎样的，有没有一定的提升；这些都需要从数据层面进行多维分析。如果版本更新产生的数据不错，那么可以从运营角度进行需求深挖，并对新功能进行持续地市场验证，不断试错。如果数据表现不好，与玩家预期不符，造成强烈的用户反馈，应通过后续版本的调优来解决。因此合理的数据评估尤为关键，本章主要从游戏版本、活动、开新服、用户反馈四块内容展开，来帮助策划人员对各种游戏更新进行评估，为运营决策和内容研发方向提供指引。

8.1　案例版本更新效果分析

　　游戏在开测或公测后需要持续地更新版本，若新版本的内容不出问题，则每次版本更新或多或少会带来一拨新增用户和收入的增长，因为游戏中有新的内容，有新的变化，所以玩家对新版本非常期待，有期待就不会离开。

　　那版本更新后数据有哪些变化，带来了多少新用户，新用户来自哪里，增加了多少收入，有多少老用户回归，新用户的留存情况如何，市场投放的新用户成本是多少，玩家对新内容的追捧程度如何，玩家的流失原因是什么……带着这些问题，我们以一款时长收费的端游为例，通过版本更新的效果分析来寻找答案。

8.1.1　分析方法概述

　　主要采用对比分析、交叉分析、结构分析、漏斗分析法。

　　从用户数量、用户构成、新用户付费转化、用户留存、市场投放、新用户选择的游戏服务器、新职业、账号余额、新用户来源、客户端卸载原因这 10 个方面入手。

　　比较重要的分析指标有留存率、付费率、ARPU、CPL、ROI 等，这些指标在前面几个章节均有详细介绍，此处不再重复定义。

8.1.2 《游戏 A》更新版本后的效果分析

《游戏 A》于 2015 年 4 月 24 日更新了 3.9 版本，同时推出新用户限时免费活动，新版本中增加了新职业，现对更新后 7 天的数据进行如下分析。

1. 数据来源

游戏登录、付费、余额、客户端卸载数据。

2．用户数量

从近半年的新用户和活跃用户趋势能直观看出新版本和活动对用户的吸引力。

我们先看新用户趋势。

从图 8-1 可以看出，4 月 24 日至 4 月 30 日，3.9 新版本更新并推出新用户限免活动，用户较版本更新前 7 天增长 960%，增长量和比例均超过前两次活动。

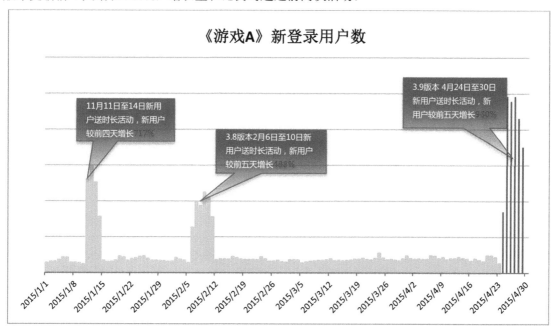

图 8-1

说明：前两次的活动内容和 3.9 版本的活动内容一致，新用户限时免费（即新用户登录不需要购买点卡）。

下面再看一下活跃用户趋势。3.9 新版本上线期间，最高日活跃 24 万人，PCU（最高在线人数）12 万人，ACU（平均在线人数）7 万人，活跃用户数超过 3.8 版本，回到 3 个月前的水平，平均在线人数回到 4 个月前水平，如图 8-2 所示。

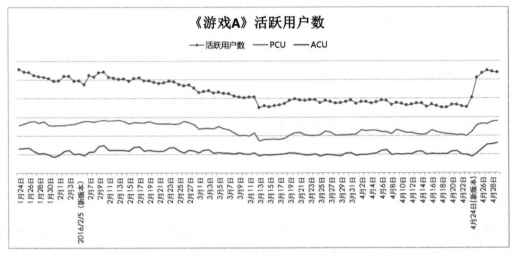

图 8-2

3. 活跃用户构成

活跃用户既包括新用户也包括老用户，游戏刚上线时新增用户占活跃用户的比例会较大，因为老用户积累相对较少。随着游戏生命周期的成熟，一个成长健康的游戏应该拥有绝对较高比例的老活跃用户，老活跃用户越多表示用户的黏性越高。

图 8-3 是《游戏 A》3 月 1 日至 4 月 30 日每日活跃用户构成，在 3.9 版本更新前，老用户占比在 98%～99%之间，而版本更新后吸引了一大批波新用户，第 1 天老用户占比下降至 92%，第 2 天下降至 81%，如图 8-3 所示。

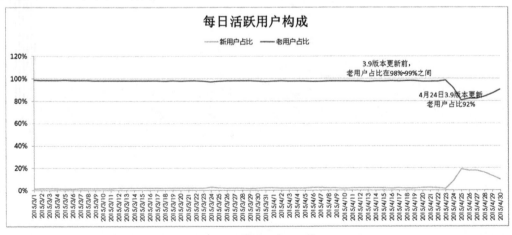

图 8-3

版本更新后由于大量新用户的涌进，老用户的比例下降了，但用户数量并没有下降，因为在吸引新用户的同时也召回了一批流失的老用户。

现在，我们来细分新版本期间的活跃用户构成。

新版本期间新老用户的占比为 42：58，一个月以上流失但回归的用户共 5.5 万人，占老用户比例的 19%，是 3.8 版本的 2 倍，如表 8-1 所示。

表 8-1

版本	用户总数	新用户	一个月以上流失回归用户	新用户占所有用户比例	流失回归用户占所有用户比例	流失回归用户占老用户比例
3.9 版本（4.24～4.30）	500 000	210 000	55 000	42%	11%	19%
3.8 版本（2.6～2.10）	208 528	37 535	14 597	18%	7%	8%

考虑到新版本期间的流失回归用户较多，因此我们有必要再细分下流失回归用户的构成。

由图 8-4 可以看见，流失 6 个月以内的用户回归率占到 96%，其中，2 个月以内的用户回归率相对较高，占 44%。

由于流失 6 个月和 6 个月以上的回归率差距较大，因此我们认为 6 个月为流失用户回归的分水岭，流失 6 个月以上的用户回归的概率很低。

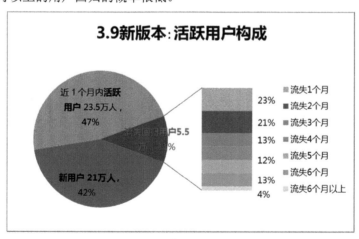

图 8-4

4. 新用户付费转化漏斗

限时免费活动总共进行了 3 次，对比历次活动的数据，本次活动的新用户留存率、付费转化率、充值 ARPU 和购买月卡的比例均高于前两次活动，在线时长低于第 2 次活动但高于第 1 次活动。如表 8-2 所示。

表 8-2

日　期	次日加权留存率	平均在线时长（小时）	付费转化率	充值 ARPU	付费用户购买月卡比例
本次活动：3.9 版本（4.24～4.30）	27%	7.0	6.4%	¥109	61%
第 2 次活动：3.8 版本（2.6～2.10）	23%	8.7	6.0%	¥62	16%
第 1 次活动（11.11～11.14）	22%	5.6	5.3%	¥55	15%

说明：表 8-2 中次日加权留存率指免费活动期间次日加权留存率。

将用户从"注册→创建角色→留存→付费→购买月卡"的每一步转化做成漏斗图，可以直观看出每一步的转化率，通过漏斗各环节业务数据的比较，能够直观地发现和说明问题所在，从而加以完善。

3.9 版本新用户付费转化漏斗图，如图 8-5 所示。

首次登录游戏的新用户创建角色的转化率为 91%，新用户次日留存率为 32%，新用户付费转化率为 6%，新用户购买月卡的比例为 4%。

以下环节的主要问题在于次日留存率较低，即用户创建角色后在第 2 天继续登录游戏的比例只有 35%。因为是时长收费游戏，所以提高用户的存留时间，就是提高收入的重要环节。

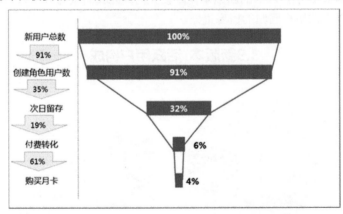

图 8-5

说明：图 8-5 中次日留存指 4 月 24 日至 30 日登录天数超过 1 天的用户，接近 100% 的付费用户登录天数＞1 天。

5. 用户留存

留存率是游戏公司非常关注的指标之一，在这里我们将用户分为广告用户、非广告用户和付费用户 3 类，并和 3.8 版本的用户留存率进行对比。

3.9 版本非广告带来的首日新用户次日留存率为 40%，广告带来的首日新用户次日留存率为

52%。从整体上来看，广告带来的新用户质量较好，留存率高于非广告新用，如表 8-3 和表 8-4 所示。

表 8-3

新登录日期	3.9 新版本非广告带来的新用户第 1 天留存率	第 2 天留存率	第 3 天留存率	第 4 天留存率	第 5 天留存率	第 6 天留存率
2015-4-24	40%	29%	21%	19%	19%	13%
2015-4-25	29%	18%	13%	12%	9%	
2015-4-26	26%	16%	13%	9%		
2015-4-27	26%	17%	9%			
2015-4-28	24%	12%				
2015-4-29	19%					
2015-4-30						

表 8-4

新登录日期	3.9 新版本广告带来新用户第 1 天留存率	第 2 天留存率	第 3 天留存率	第 4 天留存率	第 5 天留存率	第 6 天留存率
2015-4-24	52%	33%	27%	25%	24%	19%
2015-4-25	35%	23%	18%	16%	13%	
2015-4-26	38%	24%	22%	15%		
2015-4-27	42%	25%	17%			
2015-4-28	39%	22%				
2015-4-29	41%					
2015-4-30						

3.8 版本首日新用户次留存率为 31%，3.9 版本新用户留存率整体高于 3.8 版本，如表 8-5 所示。

表 8-5

新登录日期	3.8 版本新用户第 1 天留存率	第 2 天留存率	第 3 天留存率	第 4 天留存率
2015-2-6	31%	20%	16%	15%
2015-2-7	21%	14%	12%	
2015-2-8	22%	16%		
2015-2-9	22%			
2015-2-10				

说明：3.8 版本限时免费活动只进行了 5 天，因此只对比了 5 天的数据。

新付费用户留存率对比如表 8-6 和表 8-7 所示，3.9 版本的新付费用户留存率整体上高于 3.8 版本。

和表 8-3、表 8-4 的数据相比，付费用户留存率比所有用户的留存率约高出 1 倍。

表 8-6

3.9 版本 新登录日期	新付费用户 第 1 天留存率	第 2 天留存率	第 3 天留存率	第 4 天留存率	第 5 天留存率
2015-4-24	78%	68%	62%	60%	58%
2015-4-25	73%	67%	64%	64%	
2015-4-26	78%	72%	71%		
2015-4-27	78%	69%			
2015-4-28	80%				

表 8-7

3.8 版本 新登录日期	新付费用户 第 1 天留存率	第 2 天留存率	第 3 天留存率	第 4 天留存率
2015-2-6	76%	60%	59%	49%
2015-2-7	71%	56%	53%	
2015-2-8	67%	64%		
2015-2-9	71%			
2015-2-10				

6. 市场投放

在第 5 章我们详细介绍过广告投放效果分析，对关键指标和分析思路有了一定了解，在本次新版本分析中，我们将重点分析硬广和短信群发的效果。

（1）市场投广告总效果

本次版本更新 5 天内共投放金额为 150 万元，总 CPL 为 66 元（包含短信群发带来的流失回归用户），5 天内 ROI 为 9%，预计首月 ROI 为 23%，半年 RO 为 I60%，如表 8-8 所示。

表 8-8

日 期	投放金额	付费率	付费 ARPU	CPL	ROI	预计首月 ROI	预计半年 ROI
4.24～4.28	150 万元	7%	￥83	￥66	9%	23%	60%

注释：ROI=广告带来的用户付费金额/广告投放金额。

（2）硬广投放效果

本次版本更新硬广投放金额为 130 万元，CPL 为 128 元，5 天内 ROI 为 5%，如表 8-9 所示。

表 8-9

硬广投放时间	投放金额	广告带来的新用户次日留存率	CPL	ROI
4.24～4.28	130 万元	40%	￥128	5%

（3）流失用户召回短信群发效果

本次版本更新短信群发金额 20 万元，流失用户回归率为 5%，回归率相对其他游戏较高，CPL 为 8 元，5 天内 ROI 为 77%，如表 8-10 所示。

表 8-10

短信发送时间	短信发送金额	流失用户 回归率	CPL	ROI
4 月 24 日	20 万元	5%	￥8	77%

（4）各媒体投放效果

本次硬广投放的媒体主要有 17173、bilibili、百度、360 搜索、搜狗。通过对比 CPL 和 ROI 数据得出，17173 的 CPL 最高，高达 1 512 元，5 天 ROI 为 0.05%。搜索类媒体的效果相对较好，其中搜狗的 CPL 最低为 22 元，百度的 ROI 最高，为 67%。如图 8-6 所示。

媒体	投放金额（元）	CPL（元）	付费率	付费 ARPU（元）	ROI
17173	￥852 908	￥1 512	2%	￥48	00.5%
bilibili	￥523 716	￥438	9%	￥77	2%
百度	￥58 598	￥23	15%	￥98	67%
360 搜索	￥49 628	￥76	9%	￥114	14%
搜狗	￥15 150	￥22	11%	￥86	45%

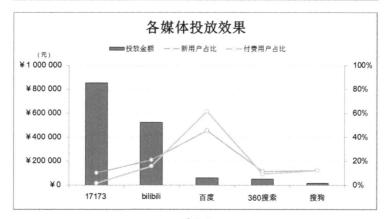

图 8-6

考虑到 3.9 新版本新用户较多，新用户涨幅达 960%，而广告带来的新用户仅占 4%，且 CPL

较高，尤其是 17173 效果较差，因此推测可能是因为广告辐射效果较强导致。

说明：此处的广告辐射是指原本是用户看到了广告了解到这款游戏，但由于下载游戏时没有点击广告链接到达下载页面，而是直接进入官方下载游戏，导致没有数据监控记录，因此这部分用户被视为广告辐射带来的用户。

7. 新用户选择的游戏服务器

根据新用户进入各个区服的情况，可以判断哪个区服最受欢迎。

图 8-7 所示为 4 月 24 日至 28 日新用户创建角色所在的区服 TOP10。

新用户进入最多的服务器：电信三区的服务器 A，这是最新开放的服务器，因此说明新用户更倾向于选择最新开放的服务器。

新用户数TOP	区	服	最高在线	平均在线	日均活跃用户	4月24日-28日新用户总数	新用户占比	
1	电信三区	服务器A	2 997	1 465	9 468	17 778	8%	推荐服
2	电信一区	服务器B	10 724	5 187	19 921	17 109	8%	
3	电信三区	服务器C	2 111	1 060	6 002	11 371	5%	
4	电信四区	服务器D	383	163	3 014	10 518	5%	
5	电信五区	服务器E	1 806	824	5 941	9 960	5%	推荐服
6	电信一区	服务器F	443	172	2 887	9 435	4%	
7	电信一区	服务器G	11 223	5 294	18 188	9 135	4%	
8	电信四区	服务器H	585	277	3 187	8 919	4%	
9	电信一区	服务器I	417	176	2 595	8 310	4%	
10	电信五区	服务器J	602	280	3 023	7 845	4%	

图 8-7

8. 新职业

3.9 版本开放了新职业"弓箭手"，用户对新职业的追捧程度如何，我们来分析一下。

在活跃用户中，22%的用户选择了新职业"弓箭手"，其中新用户和老用户选择弓箭手的比例分别为 3%、35%。说明新职业更受老用户追捧。

"弓箭手"用户达到 50 级后可以转身成新职业"武者"，用户由"弓箭手"转为"武者"的比例为 15%。

如表 8-11 所示。

表 8-11

日期	活跃用户总数	选择"弓箭手"用户数	选择"弓箭手"用户比例	"弓箭手"新用户数	"弓箭手"老用户数	新用户中选择"弓箭手"的比例	老用户中选择"弓箭手"的比例	"武者"用户	"弓箭手"转"武者"比例
4.24～4.28	500 000	107 753	22%	5 391	102 362	3%	35%	3789	15%

本次版本的新用户中，1 级用户占所有新用户比例的 35%，比上次新用户限免活动低 3%。本

次限免活动配合版本新职业更新，用户留存率提升，因此等级高于上次限免活动。

如图 8-8 所示。

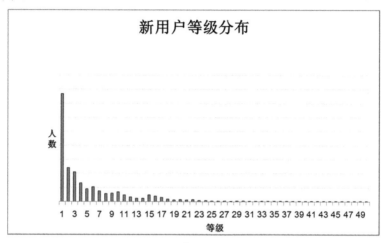

图 8-8

选择"弓箭手"职业的用户包含老用户，时长收费游戏的老用户均为付费用户，加之付费用户留存比所有新用户高出 1 倍，因此选择"弓箭手"职业的用户整体等级明细高于所有新用户，其中，有 10%的用户到达 50 级，如图 8-9 所示。

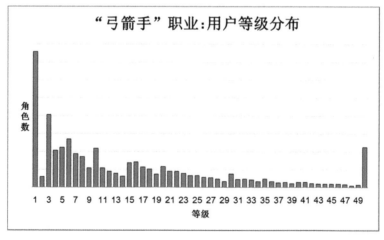

图 8-9

9. 免费新用户账号余额

新用户限免期间，游戏会赠送给新用户价值 30 元的免费时长，这些时长的使用情况如何，我们来分析一下。

将免费用户的剩余时长转化成金额后（即余额），统计不同区间金额的人数分布，如图 8-10 所示。

免费用户账号余额全部用完的仅占 1%，91%的用户余额在 20 元以上，其中 12%的用户没有消耗任何时长，无消耗时长用户中 55%的用户没有创建角色。

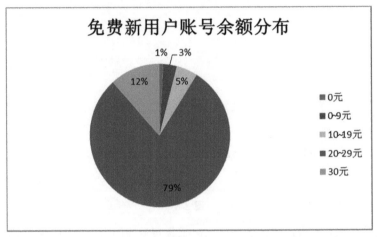

图 8-10

10. 新用户来源

在 3.9 版本新用户中，57%的用户来源于自身新用户，比 3.8 版本高 2%，和本次版本有广告投放有关；45%来自公司其他游戏的老用户（指在其他游戏登录过），分布比例和之前基本一致，主要来自 ARPG 游戏，如图 8-11 所示。

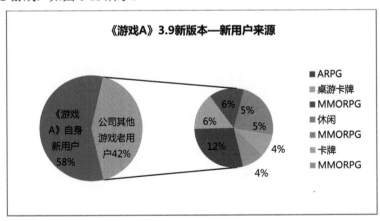

图 8-11

11. 客户端卸载原因

在第 6 章的流失分析中提到，卸载客户端的玩家一般是真正流失，回流的可能性很小，因此分析卸载客户端的用户，定位流失原因是非常准确的。

以下提取了 4 月 24 日至 30 日玩家提交的客户端卸载原因的部分内容：

- 很喜欢这个游戏，被游戏画面和风景吸引，所以第一次做评论。因为是女性所以感觉操作太难了，怎么都解决不了"手残"的问题。地图感觉没有方向。不会合理设置键盘。另外感觉花费太贵了。
- 地图太大，懒得跑。
- 游戏核心需花大量时间，理应改成商城制。
- 操作太烦琐，操作方式不习惯，任务太分散，前期任务过多，还没有熟悉游戏就有一大堆的任务，也没有导航，找个 NPC 都要很久。
- Windows 8 下 DirectX 一直显示要安装最新版，无法进入游戏。
- 无线网不能玩吗？总是显示错误：90002。
- 机器太次，带不动；优越党太多，尤其是第一次打副本的时候，经常有人嘲讽侮辱其他玩家。进来就是迷宫一样的房子，做任务太烦人，根本找不到北。任务烦琐没有连贯性，游戏任务设置拖沓，游戏主线混乱，人物攻击体验感差，攻击动作速度迟缓，任务单调而且浪费时间，画面感场面华丽，但没有充实的感觉，总是要浪费大部分时间在跑跑跑，经常使人心情很差。做任务时很难找到指定的 NPC，不舒服。

8.1.3　分析结论

《游戏 A》3.9 新版本 4 月 24 日至 30 日期间共带来新用户 21 万人，充值金额 320 万元，活跃用户数较版本前增加 50%，超过 3.8 版本，回到 3 个月前水平，活动效果明显高于历次活动和版本。详细情况如下：

1. 运营数据

（1）日均新用户 4.2 万人，较前 5 天增长 966%，日最高活跃 24 万人，PCU12 万人，ACU7 万人，因本次版本内容丰富，平均在线人数较高，回到 4 个月前水平。

（2）付费转化率为 6%，充值 ARPU 109 元，付费用户中有 61%的用户购买月卡，购买月卡用户的比例是 3.8 版本的 4 倍。

（3）新用户次日留存率为 27%，付费新用户次日留存率为 77%，比 3.8 版本高 4%。

（4）本次版本流失回归用户比例较高，共回归 1.2 万人，占老用户的 19%，是 3.8 版本的 2 倍。

（5）从各区服新用户人数看，新用户更倾向于选择最新开放的服务器来体验游戏。

2．市场投放

（1）共投入市场费用 150 万元，登录成本 CPL 为 66 元（含老用户），ROI 为 9%，CPL 相对较高，靠广告用户收回成本时间较长，如果按目前总的收入计算，收回市场费用的成本时间约为 3 天。

（2）新版本新用户较多，而广告带来的新用户仅占 4%，可能是因为广告辐射效果较强导致。

（3）广告带来的新用户质量较好，次日留存率为 40%，远高于非广告新用户。

3．新版本内容体验情况

22%的活跃用户选择了新职业"弓箭手"，其中新用户和老用户选择"弓箭手"的比例分别为 3%、35%。新职业更受老用户追捧。

4．新用户来源

57%的用户来源于自身新用户 ，比 3.8 版本高 2%，和本次版本有广告投放有关；老用户主要来自 ARPG，分布比例和之前基本一致。

5．账号余额

免费新用户账号余额充足，仅 1%的免费用户账号余额用完，91%的用户余额在 20 元以上，其中 12%的用户没有消耗任何时长，无消耗时长用户中 55%的用户没有创建角色。

6．流失原因

根据客户端卸载调查结果显示，新手玩家不适应游戏是其流失的主要原因：

（1）很喜欢这个游戏，被游戏画面和风景吸引，所以第一次做评论。因为是女性所以感觉操作太难了，怎么都解决不了"手残"的问题。地图感觉没有方向。不会合理设置键盘。另外感觉花费太贵了。

（2）地图太大，难跑。

（3）操作太烦琐，操作方式不习惯，任务太分散，前期任务过多，还没有熟悉游戏就有一大堆的任务，也没有自动寻路，找个 NPC 都要很久。

综上，新用户导入成本较高且流失快，建议近期的活动重心放在老用户维护上。

8.1.4　小结

以上从多个角度较为全面地分析了新版本效果，涉及内容包含用户数量、用户构成、新用户付费转化、用户留存、市场投放、新用户选择的游戏服务器、新职业、账号余额、新用户来源、客户端卸载原因这 10 个方面。通过和前几次版本和活动的数据对比，也说明了新版本内容越丰富，活动效果越好。也为项目组今后的版本和活动规划及市场投放提供了有效的数据参考。

在实际应用中，需灵活运用多种分析方法，根据各个版本的情况从不同的角度切入，可以根据版本内容做有针对性的分析，比如新道具、新玩法等。如果是手机游戏，则可以重点分析版本更新前后渠道导入量的变化。

8.2　案例：活动效果分析

游戏的活动总体上分线上和线下两大类：线上活动是指依托于网络，在网络上发起，在游戏服务器当中举行的活动；而线下活动则是在游戏服务器之外举行的活动。

线下活动类型主要有征集类、评选类、交互类、充值类、比赛类。

线上活动类型主要有挑战类、冲级类、折扣类、抽奖类，这些活动均在游戏内进行。

游戏活动，尤其是大型的线下活动需要花费动辄数十万上百万元的推广费用，判断一个活动的好坏，就是要分析数据，这里主要指游戏收入和人数的数据分析。对于效果好的活动，可形成活动模板，作为长期定期进行的活动。对于没有效果的活动，进行改进后再推行，依然没有起色的，不再推进。

图 8-12 所示为线上活动的一般流程。

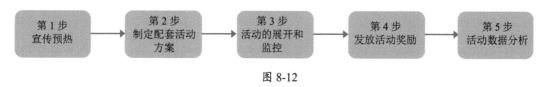

图 8-12

下面以一款卡牌游戏为例，对 2016 年的主要活动的效果进行分析。

8.2.1　分析方法概述

主要采用对比分析、平均分析、结构分析和综合评价分析法，对比各个活动的各项数据指标，从而评估各个活动的效果。

综合评价分析法主要有 5 个步骤，我们在第 4 章渠道用户质量分析中做过详细介绍，此处将不再重复介绍概念和每个步骤的详细操作方法。重点介绍使用综合评价分析法得出排名之后的分析。

分析思路：

（1）确定综合评价指标体系。分析的指标有新用户数、活跃用户数、收入、ARPPU、付费率和百度指数。

（2）将各个活动期间的活跃用户数、新用户数、收入、ARPPU、付费率和百度指数，与 2016 年的整体平均数据进行对比，其对比结果（变化幅度）为评价各个指标的参考值（考虑到本案例的活动都在 2016 年进行，故将 2016 年的整体数据作为参考对象）。因各个指标的变化幅度单位统一（均为百分比），因此不需要再做标准化处理。

（3）采用标准差系数权重法确定指标体系中各指标的权重，方法和第 4 章渠道用户质量分析类似。

（4）计算综合评价指数（即各个活动的总分），对结果进行降序排名，排名越高效果越好。

（5）将各活动的排名分为"效果好""效果一般""效果差"三类。置排名中位数及加减 1 名的活动为"效果一般"，排名高于"效果一般"的为效果好，低于"效果一般"的为效果差。

（6）分别对"效果好""效果一般""效果差"的活动进行对比分析。

8.2.2　某游戏全年活动效果对比分析

1．数据来源

（1）从游戏官网获得各个活动的名称，开始、结束时间，活动内容。

（2）从游戏数据日报获得每日新用户数、活跃用户数、收入、ARPPU、付费率。

（3）从 https://index.baidu.com/获得该游戏的每日百度指数。

2．活动总体效果评估

采用分析方法概述中的分析思路，按第 1 步至第 5 步操作步骤进行，得出的不同效果的活动，如下所示。

- 效果好的活动，平均收入增长 96%，新用户增长 44%，付费率增长 36%。主要由于线下活动期间包含线上的抽卡活动，且大部分活动只有一天，导致活动效果显著。
- 效果一般的活动，平均收入增长 0.14%，新用户增长 27%，付费率增长 3%。该类活动可为游戏导入一定的新用户，对收入的影响不大。
- 效果差的活动，平均收入减少 18%，新用户增长 7%，付费率减少 5%。由于没有配套的线上活动，导致活动效果较差；"旋律嘉年华"活动仅在发送短信当天有促进收入的效果。

如图 8-13 所示。

3．不同效果的活动数据情况

将活动效果分类后，分别对"效果好""效果一般""效果差"这三个类别的活动比较，了解不同类别的活动数据差异。

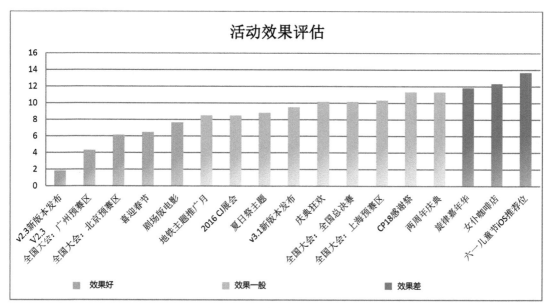

图 8-13

注释：从严格意义上讲，游戏版本更新不属于活动，但因为该游戏的两个版本更新均内置了多个游戏活动，比如登录领取奖励，因此将 V2.1 和 V3.1 版本更新纳入了活动效果评估范围。

➤ 效果好的活动

V2.3 版本更新是效果最好的活动，主要由于新系统上线，新的数值成长体系亟待释放，配合破冰及优惠活动大幅提升了收入，如图 8-14 所示。

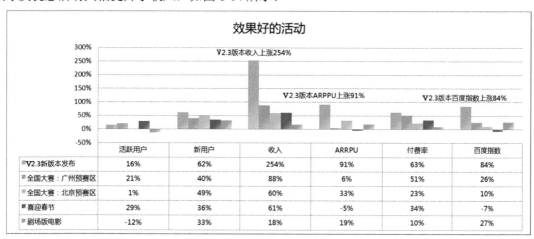

	活跃用户	新用户	收入	ARPPU	付费率	百度指数
■V2.3新版本发布	16%	62%	254%	91%	63%	84%
■全国大赛：广州预赛区	21%	40%	88%	6%	51%	26%
■全国大赛：北京预赛区	1%	49%	60%	33%	23%	10%
■喜迎春节	29%	36%	61%	-5%	34%	-7%
■剧场版电影	-12%	33%	18%	19%	10%	27%

图 8-14

> ➤ 效果一般的活动

V3.1 版本更新线上推广效果很好（百度指数增长 196%），吸引新用户效果很好（新用户增长了 113%）。但付费率和收入均呈现负增长，主要是由于新版本未增加新的付费点。

2016 年 CJ（ChinaJoy 展会）期间付费率增长了 65%，主要是由于 7 月 29 日游戏内招募 UR 新社员的影响，当日付费率高于年平均值 237%，如图 8-15 所示。

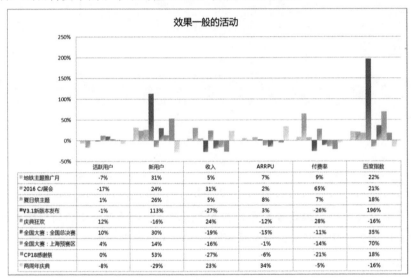

	活跃用户	新用户	收入	ARRPU	付费率	百度指数
地铁主题推广月	-7%	31%	5%	7%	9%	22%
2016 CJ展会	-17%	24%	31%	2%	65%	21%
夏日祭主题	1%	26%	5%	8%	7%	18%
V3.1新版本发布	-1%	113%	-27%	3%	-26%	196%
庆典狂欢	12%	-16%	24%	-12%	28%	-16%
全国大赛：全国总决赛	10%	30%	-19%	-15%	-11%	35%
全国大赛：上海预赛区	4%	14%	-16%	-1%	-14%	70%
CP18感谢祭	0%	53%	-27%	-6%	-21%	18%
两周年庆典	-8%	-29%	23%	34%	-5%	-16%

图 8-15

> ➤ 效果差的活动

女仆咖啡店与六一儿童节 iOS 推荐位活动，对导入新用户有一定作用，但未能促进收入增长，因此总体的效果较差，如图 8-16 所示。

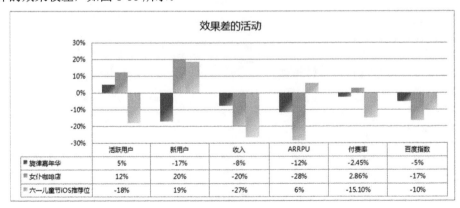

	活跃用户	新用户	收入	ARRPU	付费率	百度指数
旋律嘉年华	5%	-17%	-8%	-12%	-2.45%	-5%
女仆咖啡店	12%	20%	-20%	-28%	2.86%	-17%
六一儿童节iOS推荐位	-18%	19%	-27%	6%	-15.10%	-10%

图 8-16

3. 社员招募活动收入对比

社员招募是这款游戏定期进行的活动内容，活动效果的好坏主要取决于社员对玩家的吸引，下面我们通过对比各活动带来的收入对活动效果进行评估，如表 8-12 所示。

对比发现，活动中 Pure、Smile 招募和新社员招募的效果较好。

表 8-12

活动名称	活动收入（万元）
1 月 30 日 Pure 限定招募	88
2 月 7 日 Cool 限定招募	55
3 月 19 日 1 年生限定招募	20
3 月 23 日 Printemps 限定招募	25
4 月 16 日 Printemps 限定招募	40
4 月 20 日 Pure 限定招募	40
4 月 23 日 3 年生限定招募	42
4 月 7 日 BiBi 限定招募	21
5 月 1 日 Cool 限定招募	21
6 月 8 日 3 年生限定招募	15
6 月 15 日 1 年生限定招募	40
7 月 4 日 2 年生限定招募	10
7 月 9 日 Pure 限定招募	50
7 月 29 日 Smile 限定招募	75

5. 活动对新用户和收入的影响

将各个活动期间带来的新用户（日均值）和 2016 全年的日均新用户对比得出，高于年平均新用户的活动数量占比 82%，而低于年平均值的活动数量占 18%，说明活动对导入新用户有很好的效果，如图 8-17 所示。

同样，将各个活动期间的收入（日均值）和 2016 年全年的日均收入对比得出，高于年平均收入的活动数量占比 59%，而低于年平均值的活动数量占 41%，说明活动对收入的提升效果较为一般，主要由于收入受游戏内抽卡活动的影响较大，如图 8-18 所示。

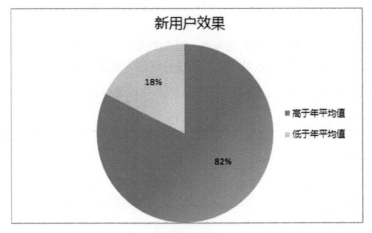

图 8-17

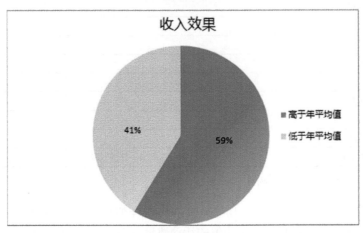

图 8-18

6．分析结论

根据以上的详细分析，得出以下结论：

（1）活动对导入新用户有很好的效果，拉动收入需要有配套的线上抽卡活动。82%的活动新用户人数高于年平均值，59%的活动收入高于年平均值。

（2）新版本或节日这些节点可显著提升活动效果。

（3）线下活动开展活动的同时，开展线上活动可放大活动效果。

（4）活动中 Pure、Smile 招募和新社员招募的效果较好。

（5）效果好、一般和较差的活动情况：

- 效果好的活动可显著提升收入，对导入新用户也有较好的效果，平均收入增长 96%，新用户增长 44%。主要受抽卡活动、版本更新、节日的影响。包含：V2.3 新版本、全国大会北京和广州预赛区、喜迎春节和剧场版电影。
- 效果一般的活动可导入一定的新用户，对收入影响不大。平均收入增长 0.14%，新用户增长 27%。包含：地铁主题推广、CJ 展会、夏日祭主题、V3.1 新版本、庆典狂欢、CP18 感谢祭、两周年庆典、全国总决赛和上海预赛区。
- 效果较差的活动收入与付费率均低于年平均值，新用户仅有小幅增长。包含：旋律嘉年华、女仆咖啡店和六一儿童节 iOS 推荐位。导量活动期间，游戏内增加配套活动效果会更好。

8.2.4　小结

以上案例对一款卡牌类手游 2016 年主要活动的效果进行了分析和总结，根据数据表现将活动分成了"效果""效果一般"和"效果差"三类，总结出具备显著提升收入效果的新版本和活动，且线上线下同时开展活动可放大其效果。根据各个活动的数据表现，吸取历次活动的经验，能帮助项目组制定后续活动计划，优化活动策划方案，实现活动效果的最大化。

8.3　案例：开新服效果分析

不同游戏开新服的节奏各不相同，有些游戏每天都会开新服，有些每隔 2～3 天开一次，有些按每周、每月甚至多个月开一次。一般情况下，在游戏公测前期的开服频率较高、数量较多，而在游戏中后期的开服频率放缓、数量减少。前期用户导入量和服务器承载能力决定了开服节奏，中后期导入量下降，用户流失和付费设计被填满，单服产生的价值越来越少，需要提前考虑开服节奏，能让老服玩家尽可能地去滚服，在新服继续产生价值。

以下列举一款卡牌类手游在中后期开新服的案例，针对开新服后数据异常上涨的分析，详情如下。

8.3.1　分析方法概述

主要采用对比和结构分析法。先将新服的数据和前一次开新服，以及老服的数据对比，找出主要的数据变化，然后根据渠道数据分布，分析数据变化的原因，是由哪个渠道的用户引起。

主要分析指标：新用户、充值收入，付费率、ARPPU 和 ARPU。

8.3.2　《游戏 A》开新服后新用户和收入大涨原因分析

数据来源：游戏各区服登录、付费数据。

《游戏 A》是一款卡牌类手游，于 2016 年 2 月 1 日增开两个新服，当天开启 iOS 限免活动，新用户和收入大涨，新用户导入量回到开新服前 10 天水平，收入回到开测第 2 天水平，故需对本次开新服效果进行原因分析。

1. 本次开新服数据

2016 年 2 月 1 日，《游戏 A》增开 iOS 新服远东之海和 Android 新服狂乱之界。目前游戏内共有 10 个服，表 8-13 为 2 月 1 日各个服务器的运营数据。

新服远东之海和狂乱之界的新用户数为 27 万，占全区全服总新用户比例的 76%；新服远东之海和狂乱之界的收入为 134 万元，占全区全服总收入比例的 59%。

表 8-13

区	组	服务器名称	新用户	充值金额	充值人数	ARPPU	Pay Rate	ARPU	新用户占比	充值金额占比
iOS 正式	1	圣光之城	2046	317900	726	438	8.99%	39.4	6%	14%
iOS 正式	2	迷魅森林	440	117920	473	249	6.53%	16.3	1%	5%
iOS 正式	3	远东之海（新服）	12265	650551	2321	280	18.92%	53	34%	28%
Android	1	黄昏海岸	1694	88539	605	146	4.12%	6	5%	4%
Android	2	异界之神	418	52052	242	215	3.84%	8.3	1%	2%
Android	3	迷失之境	2090	162756	1045	156	3.67%	5.7	6%	7%
Android	4	狂乱之界（新服）	14927	691295	2552	271	17.10%	46.3	41%	30%
应用宝	1	幻界之城	374	5379	110	49	2.45%	1.2	1%	0%
应用宝	2	妙音天女	1210	10736	275	39	4.41%	1.7	3%	0%
iOS 越狱	1	奇迹之海	539	193699	264	734	7.12%	52.3	1%	8%

2. 上次开新服数据

2016 年 1 月 1 日增加 iOS 新服迷魅森林和 Android 新服迷失之境。当时游戏内共有 8 个服，表 8-14 为 1 月 1 日各个服务器的运营数据。

新服迷魅森林和迷失之境的新用户数为 7.5 万，占全区全服总新用户比例的 53%，新服迷魅森林和迷失之境收入 61 万元，占全区全服中收入比例的 35%。

表 8-14

区	组	服务器名称	新用户	充值金额	充值人数	Arppu	Pay Rate	Arpu	新用户占比	充值金额占比
iOS 正式	1	圣光之城	9 999	761 167	3 795	200.6	8%	15.7	7%	42%
iOS 正式	2	迷魅森林（新服）	22 561	377 333	4 180	90.3	19%	16.7	16%	21%
Android	1	黄昏海岸	23 122	232 331	4 290	54.2	5%	2.6	16%	13%
Android	2	异界之神	6 028	102 619	1 364	75.2	4%	2.7	4%	6%
Android	3	迷失之境（新服）	52 360	229 504	4 499	51	9%	4.4	37%	13%

区	组	服务器名称	新用户	充值金额	充值人数	Arppu	Pay Rate	Arpu	新用户占比	充值金额占比
应用宝	1	幻界之城	9 537	10 494	814	12.9	4%	0.5	7%	1%
应用宝	2	妙音天女	8 503	36 091	1 188	30.4	3%	1.0	6%	2%
IOS 越狱	1	奇迹之海	8 294	68 090	1 133	60.1	6%	3.6	6%	4%

3. 两次开新服数据对比

将 1 月 1 日新开的两个服定义为新服，其他服为老服；将 2 月 1 日新开的两个服定义为新服，其他服为老服。分别对比两次开服节点中新老服的数据，如图 8-19 所示。

由图 8-19 可以看出，和 1 月 1 日开新服相比，2 月 1 日新服的新用户比例增加 23%，收入增加 24%。

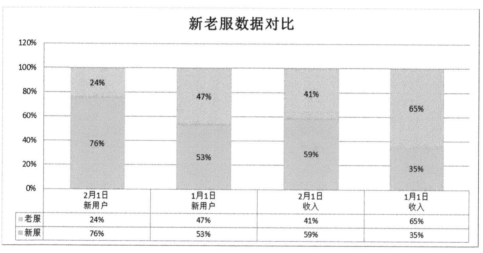

图 8-19

iOS 新服数据对比：2 月 1 日 iOS 新服新用户占比 34%，收入占比 28%，新用户占比是上次开新服的 2 倍，如图 8-20 所示。

和开新服前一天的数据相比：新用户上涨 203%，DAU 上涨 23%，收入上涨 2491%。涨幅明显高于 1 月 1 日新服，如图 8-21 所示。

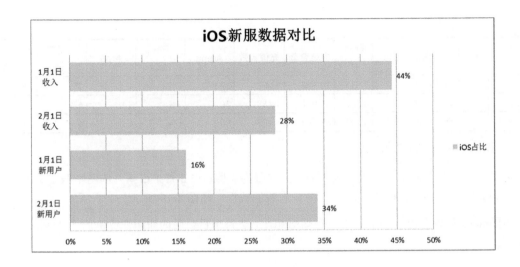

图 8-20

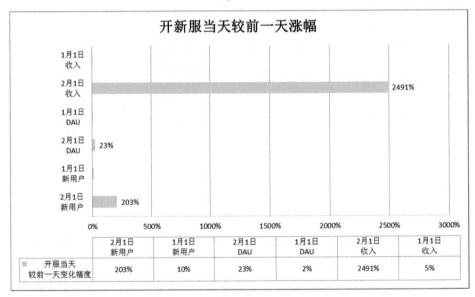

图 8-21

开新服当天老服数据和前一天对比：新用户下降 26%，收入上涨 973%，如图 8-22 所示。

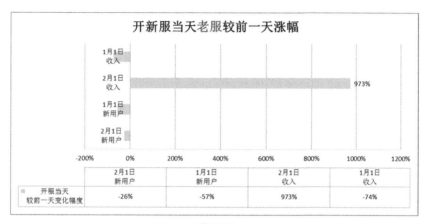

图 8-22

4. 收入异常上涨原因

由图 8-21 和图 8-22 的数据可知，开新服当天不仅新服的收入上涨，老服收入也有提升，而老服的新用户数在下降。

对比各个渠道的收入分布，可直观看出哪个渠道的收入占比大，从而知道收入上涨主要是由哪个渠道的用户带来的。现分别从各个类别的渠道数据分析，结果如下所示：

（1）Android 渠道：2 月 1 日渠道 A 充值 42 万元，占 Android 收入的 70%，充值 5000 元以上的大 R 用户 40 人，最高充值金额 5 万元，大 R 人均充值 1 万元（渠道 A 在 2 月 1 日之前累计充值 34 万元），如图 8-23 所示。

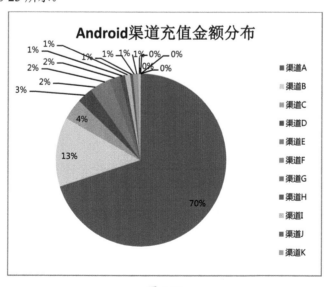

图 8-23

（2）越狱渠道：2月1日渠道A充值17万元，占越狱渠道收入的96%，共5个大R，其中一个大R充值7万元，占比41%，如图8-24所示

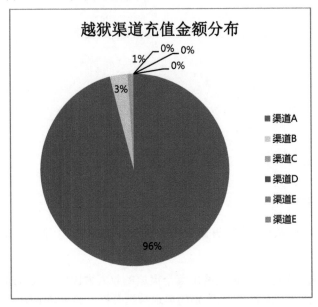

图 8-24

官方iOS：2月1日大R充值金额分布较均匀，和前一周的数据分布接近，未发现异常账号。（此处省略详细数据）

4. 分析结论

通过以上详细的分析，得出如下主要结论。

《游戏A》2月1日开新服共带来新用户2.7万人（上涨203%），充值金额229万元（上涨2419%），DAU11万人（23%以上），DAU回到7天前水平，收入回到开测第2天水平，人数和收入涨幅明显高于1月1日开新服效果。详细情况如下：

（1）新服新用户占总用户比例的76%，新服收入占总收入比例的59%。和1月1日开新服相比，新用户和收入比例均增加23%。

（2）开新服当天同时推出iOS限免，新用户上涨明显。

- iOS新用户1.5万人，是前一天的20倍，涨幅高于《游戏B》，但新用户数量仅占其10%（《游戏B》限免当天新用户15万人）。
- iOS新服新用户占比34%，是上次开新服的2倍。
- 开新服当天老服的新用户、DAU均有下降，但收入上涨973%，收入异常的原因如下：
- Android渠道：渠道A充值42万元，占Android收入的70%，充值5000元以上的大R用

户 40 人，最高充值金额 5 万元，大 R 人均充值 1 万元（渠道 A 在 2 月 1 日之前累计充值 34 万元）。渠道 A 为手游语音软件，有公会返利嫌疑。

（3）越狱渠道：渠道 A 充值 1.7 万元，占越狱渠道收入的 96%，共两个大 R，其中一个大 R 充值 11567 元，占比 65%。

8.3.3 小结

通过以上案例分析了某款游戏中后期开新服数据异常上涨的原因，告诉我们不能盲目依赖数据，需要做深度挖掘，了解数据上涨的真正原因。

如果在游戏公测前期，要说明滚服导新的最佳时机，则需要对服务器最高承载能力来定活跃用户阈值，达到这个值就开新服。开服的节奏、速度与玩家的上线习惯匹配，比如中午 12 点左右活跃用户积累的速度非常快，则开服的节奏和速度也相应地特别快。

8.4 案例：区服合并分析

区服合并有利于服务器人气的聚集、大号的回归以及收入的提升。以下以《全民×××》两次区服合并（1、2 服合并，3、4、5 服合并）为例，主要从平均在线人数、消耗 ARPPU、敌对势力均衡、等级分布这几个维度，结合游戏生命周期理论，对区服合并进行分析，并给出最佳的合服条件。关于游戏生命周期理论，大家可以查找网上资料，这里不再赘述，本案例着重介绍区服合并的最佳条件。

8.4.1 区服合并后的平均在线人数、消耗 ARPPU 值

服务器的平均在线人数低于一个什么样的水平，才要考虑服务器的合并呢？下面如图 8-25 和图 8-26 分别为 1、2 服及 3、4、5 服合服前后的平均在线，从数据走势来看，平均在线人数 1000 是一个阈值；1000 以上平均在线人数下降幅度很大，流失用户数要远大于新增加用户数，但是平均在线人数总量依然很大，服务器人气依然活跃；在这个快速下降的通道中，如果进行区服合并，由于流失人数的下降没有稳定下来，平均在线人数从中长期来看，依然还会快速下跌，达不到合并后提升并稳定在线人数的效果。

1000 以下平均在线人数开始趋于稳定，流失用户与新增加用户此时能够达到一个平衡，且流失用户不会有大幅增加，此时选择进行区服合并，有利于拉回流失用户、重新聚拢人气，以及大号的回归。

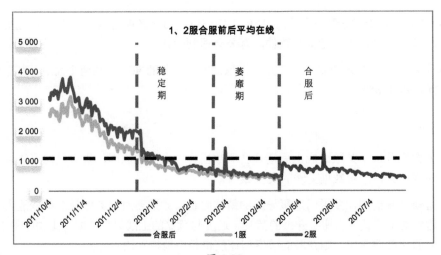

图 8-25

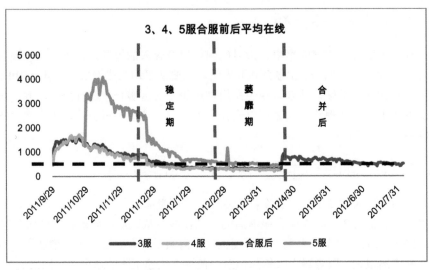

图 8-26

如图 8-27 和图 8-28 所示是 1、2 服及 3、4、5 服合服前后的 ARPPU 走势，从游戏 ARPPU 可以看到，网络游戏的 4 个周期明显，分别经历了试玩期、探索期、稳定期、萎靡期；人均消耗在前 3 个周期中稳步上升，但进入萎靡期后，游戏的 ARPPU 值开始降低，这时可以考虑开始进行区服合并，有利于在线玩家人数的增加，以及 ARPPU 值的提升。

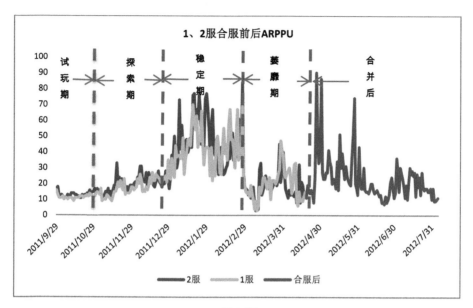

图 8-27

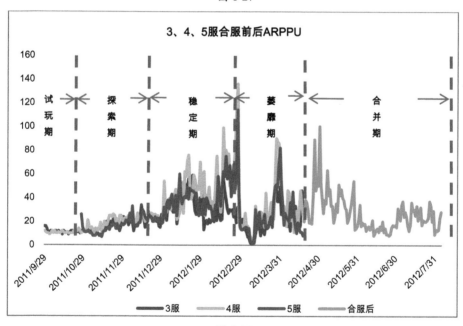

图 8-28

8.4.2　平均在线及平均在线消耗相关性关系

在游戏的试玩期和探索期，从各服务器的相关系数，可以看到平均在线人数与平均在线消耗之间基本呈负相关性，且相关性很强，说明在游戏运营的初级阶段，平均在线人数越高，平均在线消耗越低，这一阶段由于忠诚用户还有没完全积累起来，用户玩游戏的持续性不强，出现这样的结果也属正常。这里的平均在线消耗 = 当日消耗总额 / 当日平均在线人数。

而在游戏的稳定期，这个数据就有了明显的变化，相关系数偏向正相关，平均在线人数此时越高，带来的平均在线消耗也越多；当服务器进入萎靡期后，二者之间的关系又基本呈现负相关性；在这几个服务器合并后，平均在线人数越高，平均在线消耗也越高，主要是由于合并后，人气得到增强，对平均在线消耗起了正面积极的作用。

此外，在萎靡期，5 服平均在线人数与平均在线消耗呈很强的正相关性，且相关系数达到 0.931，这有悖常理，经查证，3 服、4 服、5 服这几个服务器之间的合并属于强弱合并，在合并前，5 服还属于相对人气活跃的服务器，人数为其他两个服务器之和，可能还没有进入萎靡期，如表 8-15 所示。

表 8-15

服务器	稳定前（试玩、探索）	稳定期	萎靡期	合并后
1 服	−0.597	0.037	−0.205	
2 服	−0.422	−0.017	−0.225	
1 服、2 服合服后				0.207
3 服	−0.465	0.150	−0.263	
4 服	−0.622	−0.200	−0.352	
5 服	−0.561	−0.098	0.931	
3 服、4 服、5 服合服后				0.374

平均在线与平均在线消耗比关系表

8.4.3　合服前后等级分布、人均 PVP 以及敌对势力均衡情况

从活跃用户等级分布情况来看，稳定期的等级分布结构要明显好于萎靡期，萎靡期内中端用户严重缺失，中高端用户与低端用户比例差距太大，造成玩家等级分布不均衡，合并后，玩家等级分布又开始合理回归，如图 8-29 所示。

从区服合并前后走势来看，各服务器的人均 PVP 均较之前有了很大的增强，服务器人气更加活跃，如图 8-30 所示。

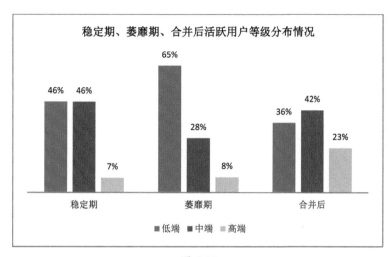

图 8-29

注：高端用户≥50 级；中端用户在 20 级和 50 级之间；低端用户≤20 级

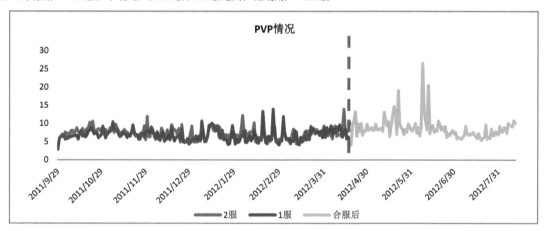

图 8-30

敌对势力为服务器中玩家职业为仙和魔的比例。图 8-31 为各服中修仙的比例，4、5 服修仙比例在合服前较高，在 80%至 90%之间。合服后，降到 75%左右。从敌对势力力量对比来看，区服合并有利于敌对势力悬殊的服务器之间的势力的重新均衡。

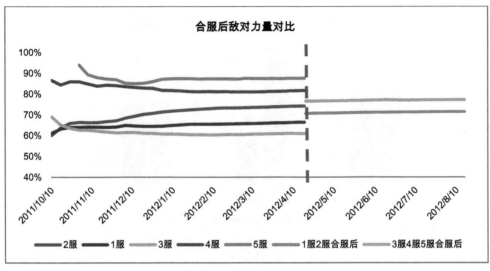

图 8-31

8.4.4 《全民×××》区服合并玩家问卷调查

随着服务器人数逐渐递增，玩家合并区服的意愿逐渐递减。 平均在线人数 1000 人以上，玩家合并区服的意愿快速下降，1000 人以下，玩家合并区服的意愿都非常高。

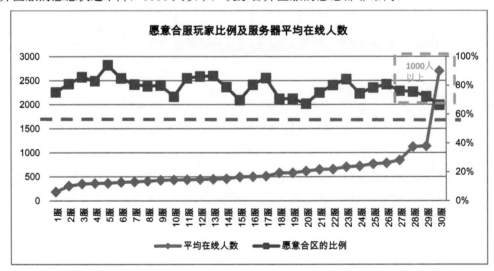

图 8-32

从高中低端玩家对合服的态度来看，在线人数低迷时，高端玩家对合服的呼声最高，从他们的理由来看，主要是想认识更多朋友，希望服务器人气能够活跃起来。如表 8-16 和表 8-17 所示。

表 8-16

玩家类型	是否合区	玩家数	占比%
low	no	65	30%
low	yes	150	70%
mid	no	997	24%
mid	yes	3081	76%
high	no	112	14%
high	yes	675	86%

注：≤20 元，低端；≥20 元 and <=70 元，中端；≥75 元，高端

表 8-17

是否合区	玩家类型	合区理由	玩家数	占比%
yes	low	1	70	46.7%
	low	2	25	16.7%
	low	3	81	54.0%
	low	4	56	37.3%
	mid	1	1170	38.0%
	mid	2	884	28.7%
	mid	3	1681	54.6%
	mid	4	1064	34.5%
	high	1	254	37.6%
	high	2	221	32.7%
	high	3	322	47.7%
	high	4	194	28.7%

注：合区理由　① 有利于组队刷图；　② 有利于 PK；　③ 认识更多的朋友；　④ 会有更多的物品供我选择。

8.4.5　主要结论

（1）1000 人以上，平均在线人数趋势呈快速下降中，此时合并区服，难以提升平均在线人数；而平均在线人数低于 1000 人，ARPPU 值趋势发生转变，呈下降趋势，用户等级分布不均衡，此时需要进行区服合并。

（2）稳定期内服务器平均在线人数越多，单位平均在线消耗越高，维持高的平均在线人数，有利于用户消耗的提升。

（3）游戏进入萎靡期，活跃用户等级分布严重不均衡，区服合并后，能对游戏内的用户等级分布起到一个很好的修复作用，使之趋于均衡。

（4）区服合并，有利于敌对不均衡势力重新得到平衡，以及游戏内 P K 活动的增强。

（5）从《全民×××》玩家区服合并用户调查结果来看，平均在线 1000 人以下，玩家区服合并的意愿非常高，其中高端玩家更希望进行区服合并。

8.5 聊天内容分析

聊天记录可以让我们直接了解到游戏中的热点话题、玩家情感倾向、来源及流失原因。有助于运营人员接收到用户的心声，精细化掌握玩家需求，发现游戏内的问题，帮助游戏进行版本优化，在最大程度上满足用户需求。

以下列举 3 个案例，分别从玩家游戏内聊天记录、游戏官方 QQ 群聊天记录和游戏百度贴吧发帖记录 3 个方面进行分析。

8.5.1 案例 1：《游戏 A》游戏内聊天记录分析

玩家游戏内聊天内容的存储使用的是关系型数据库，因此，可以在数据库中使用 SQL 方式实现以下数据分析。

通过监控玩家游戏内聊天日志得出，游戏 bug、任务、轻功、其他游戏、好友组队、不想玩了、负面情绪相关的话题是玩家的热点话题。

以下就这 7 个话题对《游戏 A》游戏内的玩家聊天内容进行分析。整个样本数据日期为 2013 年 1 月 1 日至 2 月 6 日，样本数量为 27 008 604（话题数）。

1. 和游戏"bug"相关

游戏 bug 对游戏有潜在的致命伤害，bug 话题的监控有助于运营人员及时发现并纠正错误，减少玩家的流失。图 8-33 为游戏 bug 数量与日活跃用户数，可以观察玩家流失与 bug 的相关程度。

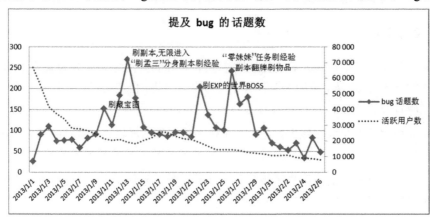

图 8-33

（1）玩家聊天提到"bug"次数较多的时候，正是 bug 发生的时候。

（2）开测前两周，活跃用户数受 bug 影响尤为明显。

2．和"任务"相关

在游戏中做任务可以了解游戏剧情，能给玩家带来大量的资源，可以帮助玩家快速地提升自身的实力并且享受更多的乐趣，因此任务的完成情况对玩家的成长非常关键。通过玩家在聊天中反映的任务问题，有助于我们了解玩家在做任务时遇到的问题，从而帮助开发人员优化任务，让玩家游戏体验获得一定提升。

（1）提到"任务"相关话题（见图 8-34 和图 8-35）的人数为 25237 人，总聊天人数：61579，占比 36%。说明任务是玩家聊天中主要讨论的话题。

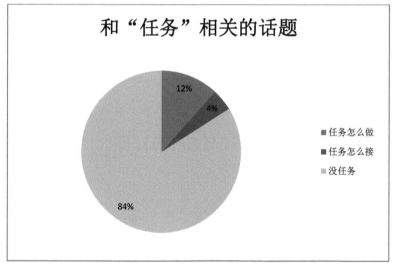

图 8-34

（2）反映没有任务做的玩家人数为 8799 人，占任务话题数的 35%。说明没有引导性的任务对部分玩家来说不太适应。

（3）玩家主要提及的任务类型为跑环任务和师门任务。

- 跑环任务：主要讨论收白装、绿装、铁锭等物品相关
- 师门任务：主要讨论怎么接，接不了，在哪儿接（如：为啥我接不到师门任务啊/请问谁知道太虚的师门任务在哪里接吗/请问我到 35 级以后为什么还不能接师门任务/求救 师门任务接不了）

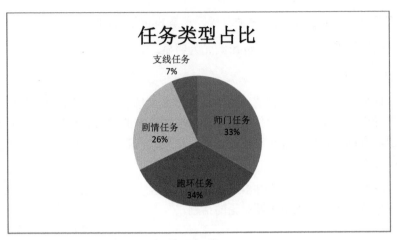

图 8-35

3. 和"轻功"相关

"轻功"是这款游戏的一大特色,那玩家的体验好不好呢?让我们来看看他们的评价。

(1)提到"轻功"的话题数为 6240(见图 8-36),人数占总聊天人数的 5%。

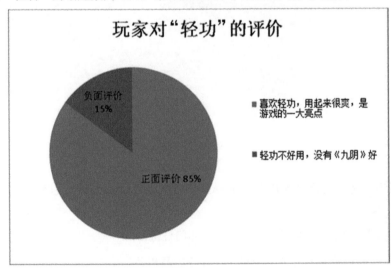

图 8-36

(2)85%的玩家认为轻功是游戏的一大亮点,很好使用;15%的玩家认为用起来不是很爽。

正面评价:

- 这个游戏最好玩的是有各种轻功可以飞来飞去
- 发现这游戏的轻功还不错,马都可以省了

- 说真的，我觉得这款游戏好玩就是因为游戏的轻功
- 轻功很爽的
- 我比较喜欢这个游戏的轻功
- 我轻功觉得就是亮点啊
- 那个轻功水上漂还不错
- 这游戏轻功不错，就是 PK 时没《九阴》带劲
- 这游戏轻功非常好玩
- 我觉得这个轻功是真心不错的好技能啊
- 看来大家很喜欢轻功，我朋友说这是国产游戏的特点
- 轻功是不错，我以前玩的×××游戏轻功花钱太多，这里免费

负面评价

- 还没《九阴》轻功爽
- 这游戏打怪的时候不能用轻功逃跑让我觉得很不爽
- 轻功消耗体力太快了
- 副本不能用轻功，很不爽

4. 和其他游戏相关

通常，我们了解玩家的来源（此处主要指来源哪些外部游戏）是通过问卷调研的信息得知的，然而，根据玩家聊天讨论其他游戏的频次，我们也能快速判断哪些是竞品游戏，并定位核心玩家。

（1）提到其他游戏的话题数为 11299（见图 8-37），人数占总聊天人数的 8%；

（2）"魔兽"和"剑灵"的提及次数排名前两位，分别为 3594 次、2802 次，占比 32%、25%。

可推断用户来源主要为这两款游戏。

聊天内容

和《魔兽世界》、《剑网 3》相关的话题。

- 我感觉这游戏有《魔兽世界》的影子
- 这个游戏，融合了《永恒之塔》《传奇》《魔兽世界》《征途》的特点
- 感觉这游戏的副本难度不大，至少比《剑网 3》和《魔兽世界》难度小
- 比起《魔兽世界》《永恒之塔》的副本，这副本太没难度了
- 我对这个游戏不太熟悉，我是玩《魔兽世界》的
- 技能相对《魔兽世界》真少啊
- 《魔兽世界》都比这升级快
- 感觉这就是中国版的《魔兽世界》
- 其实《剑网 3》就是中国版的《魔兽世界》

- 除了《魔兽世界》《剑网3》，这是我玩得最久的游戏
- 这个游戏比《剑灵》好的地方就是人多不会卡
- 《剑灵》里面的那个"爱的废墟"的剧情真心感人
- 我感觉这游戏有点像《剑网3》
- 这游戏中武魂轻功的确不错，很多人说抄袭《剑网3》，其实玩过《剑网3》的都知道这游戏轻功是很好的
- 这个游戏满级很无聊，不像《魔兽世界》《剑网3》满级才是开始

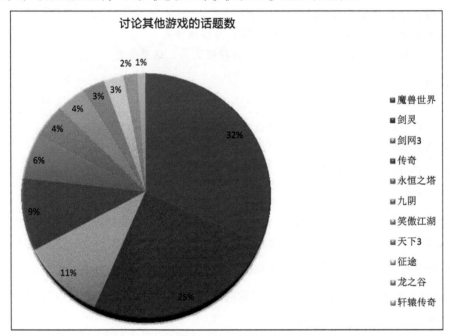

图 8-37

5. 和"好友组队"相关

游戏的社交互动性影响玩家留存，和好友组队一起玩游戏是常见的互动方式，这款游戏的玩家互动性怎么样，参加互动与不参与互动的人的留存有多少差距呢？请看以下分析结果：

（1）和好友组队做任务的账号数23867（见图8-38），好友比例占总体活跃用户的8%，《游戏B》的好友比例为43%。

（2）和好友组队做任务的用户的14天加权留存率为783%；没有和好友组队的用户为87%，好友对用户留存有重要作用。

说明：聊天日志中含和好友组队做好友任务的数据，8%的好友比例仅指和好友组队做好友任务的数量。

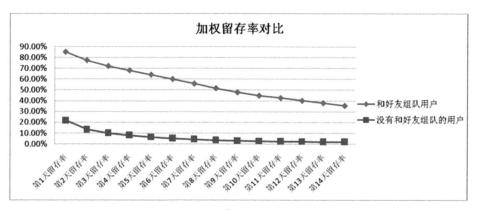

图 8-38

6. 和"不想玩""不玩了"相关

聊天记录中提到"不想玩""不玩了"等相关话题的人，流失的可能性很大，找出这些玩家不想玩的原因，可以作为改善游戏的有效依据。

（1）提及"不想玩""不玩了"的人数共 4003 人（见图 8-39），占总体聊天人数的 7%，其中 50 级以上玩家占 66%。

（2）"不想玩""不玩了"的原因主要有：

- 任务太多，个别等级没有任务做，升级不顺利；
- 游戏 bug 太多；
- 游戏枯燥；
- 境界升级失败概率过高；
- 升级太累；
- 朋友不玩了。

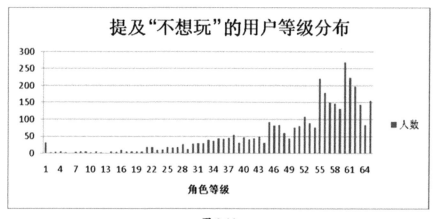

图 8-39

用户不想玩、不玩了的原因（原始数据）：

- 这游戏好枯燥，不想玩了
- 就是感觉像玩单机游戏才不想玩的
- 我都有种不想玩的感觉了，"世界"还没开，"上古"都出来了
- 罪恶值高了要 17 天才能掉，就不想玩了
- 我现在突然不想玩了，感觉每天任务太多了
- 说真的，我不想玩这个游戏了，每天做任务，没任务找任务……头都大了
- 每天做了师门跑环刷、把璇玑，就不想玩了。
- 下载了没任务做怎么升级啊，不玩了
- 我还有个 40 级的账号，就是因为没任务所以不想玩了
- 这游戏全是 bug，都不想玩了
- 发现玩家从 bug 中获得利益，肯定要处理，不然其他玩家都不玩了
- 我是因为旧服出 bug 了才不想玩的，然后玩了几天 lol 就腻了……所以一有新服我就回来了
- 境界 11 失败 9 次，这是我主要不想玩这个游戏的原因
- 境界 10 升 11 失败 10 次了，对失败者而言这游戏真心不想玩了
- 就是这个境界导致我不想玩了
- 号被"扒"了，不想玩了
- 唉，不想玩了，升级太累了
- 现在我就不想玩了，想升级就得花钱
- 这个游戏要到 80 级才能自主编程，喜欢编程的人没兴趣玩升级，喜欢升级的人不玩编程，我编程的朋友都不玩了
- 升级太累人，很多人都是因为这个不玩了
- 帮会散了，不想玩了，太无聊了
- 朋友不玩了，我也不想玩了

7. 负面情绪指数

玩家的负面情绪指数从另一方面反映对一款游戏的总体满意度，通过对比发现，这款游戏的满意度低于对比游戏。

（1）2 月 6 日，负面情绪人数比例 29%（见图 8-40），《游戏 C》为 23.6%，《游戏 B》公测同期为 26%。

（2）开测至今，负面情绪人数比例占 23%，《游戏 B》公测同期为 21%。

说明：负面情绪人数比例＝负面情绪人数／聊天总人数。负面情绪人数：根据负面词库（共 708 个负面词汇）匹配。

图 8-40

8. 分析结论

《游戏 A》于 1 月 1 日进行开放性测试，根据对玩家聊天记录的分析，有以下主要结论：

（1）活跃用户数受 bug 影响较大。

（2）任务是玩家聊天讨论的主要话题，反映没有任务做的话题比例为 35%，没有引导性的任务对部分玩家不太适应。

（3）85%的玩家认为轻功是游戏的一大亮点，很喜欢使用。

（4）"魔兽"和"剑灵"在被提到的游戏中排名前两位，因此推断用户来源主要为这两款游戏。

（5）7%的聊天玩家提到"不想玩""不玩了"，其中 50 级以上玩家占 66%，主要原因：

- 任务太多，个别等级没有任务做，升级不顺利；
- 游戏 bug 太多；
- 游戏枯燥；
- 境界升级失败概率过高；
- 升级太累；
- 朋友不玩了。

（6）负面情绪指数为 23%，《游戏 B》同期为 21%。

建议：因目前游戏内高等级玩家较多，且部分玩家反映满级后缺乏可玩性，建议提升游戏 PVP 玩法，让玩家享受更精彩刺激的游戏体验。

8.5.2 案例 2：《游戏 B》QQ 群聊天记录分析

因部分游戏没有记录游戏内聊天日志，但是游戏一般都有官方 QQ 群，通过 QQ 群能够凝聚一批忠实的玩家，玩家在 QQ 群中不仅可以反馈问题给官方工作人员，玩家相互之间也会讨论与游戏相关的话题。因此，分析 QQ 群聊天记录能深入了解玩家需求，做精准的服务，发现问题，帮助游戏改进。

下面以《游戏 B》为例，用 R 来分析游戏官方 QQ 群聊天记录日志

➢ 数据来源：游戏 B 官方 1～5 群

数据日期：2016-05-01 至 2016-10-01

样本量：100 万条

1．分析方法概述

用 R 进行 QQ 群聊天记录的文本挖掘与分析，主要有如下 9 个步骤。

（1）先导出 QQ 群聊天记录，并保存为.csv 文件，如文件命名为"聊天记录.csv"。部分数据截图如图 8-41 所示。

```
2016-10-27 0:01:25 芬里尔
明明法师那么好开荒

2016-10-27 0:01:41 小木匠 HiBye · 黑白
费蓝 没钱

2016-10-27 0:01:59 芬里尔
偷

2016-10-27 0:03:55 芬里尔
聪明的人会把加特兰城这个点先做了主线

2016-10-27 0:04:20 芬里尔
贼J8远

2016-10-27 0:04:47 罗特
法师输出结果没短剑高

2016-10-27 0:05:02 罗特
我都想洗了双手点短剑
```

图 8-41

（2）安装包：

使用"install.packages("rJava")"代码安装 rJava 包，在安装 rJava 包之前，需要安装好 rjava 程序，并配置环境变量。在启动 R 后，使用 sys.setenv 加载 jre。如图 8-42 所示。

图 8-42

使用如下代码安装词云包。

```
install.packages("wordcloud")#安装词云包
```

如图 8-43 所示。

```
> install.packages("wordcloud")
试开URL'https://mirrors.tuna.tsinghua.edu.cn/CRAN/bin/windows/contrib/3.3/wordcloud_2.5.zip'
Content type 'application/zip' length 568393 bytes (555 KB)
downloaded 555 KB

程序包'wordcloud'打开成功，MD5和检查也通过

下载的二进制程序包在
        C:\Users\lixiangyan\AppData\Local\Temp\RtmpS4bQSD\downloaded_packages里
```

图 8-43

"使用：install.packages("Rwordseg")" 代码安装中文分词包。Rwordseg 包无法直接安装，说明这个包已经在 Cran 下架，正确方法是下载源码，然后进行本地安装，如下：

```
install.packages("E:/R/Rwordseg_0.2-1.zip", repos = NULL, type = "source")
```

如图 8-44 所示。

```
> install.packages("Rwordseg")
Warning message:
package 'Rwordseg' is not available (for R version 3.3.1)
>
> install.packages("E:/R/Rwordseg 0.2-1.zip", repos = NULL, type = "source")
成功将'Rwordseg'程序包解包并MD5和检查
```

图 8-44

（3）加载包

```
library(rJava)
library(wordcloud)
library(Rwordseg)
```

（4）导入聊天记录

```
data<-read.csv(file="C:/Users/lixiangyan/Desktop/R/聊天记录.csv",sep="\t",
stringsAsFactors=FALSE,header=FALSE)
data<-read.csv(file="C:/Users/lixiangyan/Desktop/R/聊天记录.csv",header=FALSE,
stringsAsFactors=FALSE)
str(data)    #显示一条记录
shuliang<-grep('2016-10-27',data[,1],invert=TRUE)
data1<-data[shuliang,]
head(data)
str(data1)
```

如图 8-45 所示。

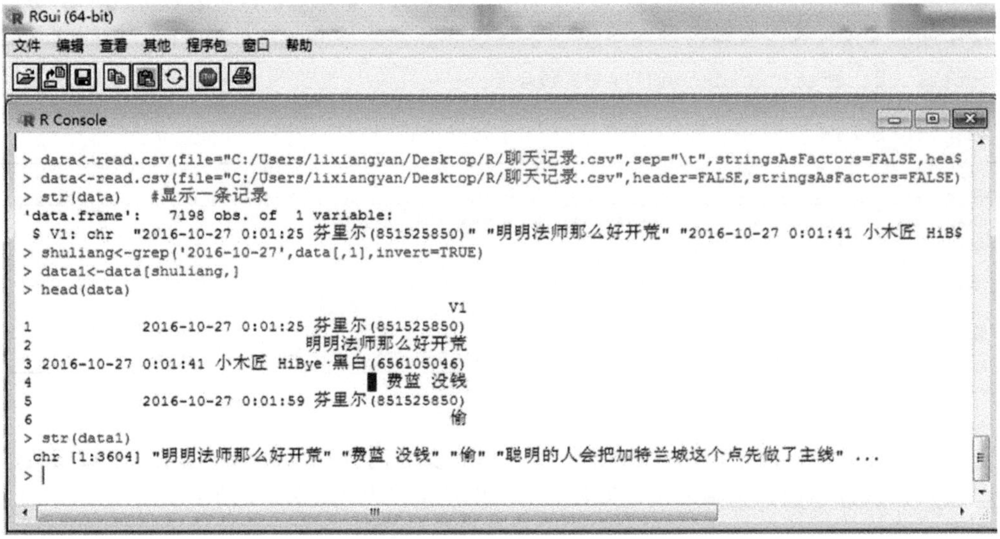

图 8-45

（5）文本处理

```
data1<-as.data.frame(data1,stringsAsFactors=F)
colnames(data1)<-'C'
sizeMydata<-dim(data1)
data1<-gsub('[0-9]','',data1$C)        #去数字
data1<-toupper(data1)                  #所有小写转成大写
res = paste(unlist(data1[1:sizeMydata[1]]), sep = " ", collapse = "")
res=gsub(pattern="http:[a-zA-Z\\/\\.0-9]+","",res)
```

（6）剔除停用词（可根据业务情况，添加没有用的词）

```
res=gsub(pattern="[表情|我|图片|了|的|是|怎么|啊|有|在|还|什么|这个|也|都|吧|可以|
你们|那个|哪个|、|您|游戏|自己|反正|直接|加入|基本|之前|而且|就行|出来|大家|因为|感觉|时候
|哈哈哈|开始|已经|觉得|然后|
好像|一下|今天|吗|东西|只能|多少|看看|其他|估计|发呆|貌似|别人|蓝牙|应该|HTTP|NAME|
里面|地方|晚上|或者|不到|请问|如果|肯定|告诉|主要|刚刚|知道]","",res)
```

（7）添加情感词库

```
teyouci<-read.table(file='clipboard',header=FALSE,stringsAsFactors=FALSE)
#teyouci 是情感词库内容（如，文件名为情感词库.txt）
#复制"情感词库.txt"的内容到剪贴板后，重复上一句命令
teyouci<-read.table(file='clipboard',header=FALSE,stringsAsFactors=FALSE)
insertWords(teyouci[,1])
```

（8）词云展示条件设置

```
words=unlist(lapply(X=res, FUN=segmentCN))
word=lapply(X=words, FUN=strsplit, " ")
v=table(unlist(word))
# 降序排序
v=rev(sort(v))
mydatap1=data.frame(word=names(v), freq=v)
head(mydatap1)
mydatap=subset(mydatap1, nchar(as.character(mydatap1$word))>1)     # 次数大于 1
head(mydatap1,20)     #显示 20 条
(mydatap<-head(mydatap,50))         #显示词频超过 100 条的记录
```

（9）画词云

```
library(wordcloud)
colors=c('red','blue','green','black','purple')
wordcloud(mydatap$word,mydatap$freq.Freq,scale=c(6,1),col=colors,random.order=F
,rot.per=FALSE)
```

2. 每日话题数

根据导入的 QQ 群聊天记录，可统计出每日的话题数，和游戏注册用户数对比得到图 8-46。

由图 8-46 可见，话题数和注册人数有一定的相关性，但因为 6 月 1 日儿童节新增一个玩家交

流群，群活跃人数较前一天增加了 34%。

图 8-46

3. 整体热词分布

按以上"分析方法概述"中的操作步骤，根据 QQ 群聊天内容画词云图，得知玩家讨论热点主要有：

- 日服与国服讨论

- 游戏招募活动、打歌

- 游戏 UR（Ultra Rare 表示卡牌的一种稀有程度）

- "萌新"加入求 dadao（资深玩家）带

- 与游戏无关的主流群体自身关心的问题（学习、作业、老师等）

如图 8-47 所示。

图 8-47

4．7 月份热词分布

为了了解近期玩家讨论的内容和历史聊天内容的差异，特分析 7 月的热词分布，如图 8-48 所示，7 月玩家主要关注的内容和历史内容差异不大。

图 8-48

根据玩家在 QQ 群聊天中提到的其他游戏名称，可推测玩家主要玩的游戏名称。

占比 21%的玩家提及其他游戏，各游戏提及比例如下：

- 《LOL》占据最高比例 23%。
- 休闲、角色扮演类游戏能满足玩家在现实世界的不足，通过角色的扮演获得喜悦和成就。
- 各类游戏均有涉及（青春、休闲、RPG、沙盒类型等）。

如图 8-49 和图 8-50 所示。

5．国服、日服相关话题涉及热点

"日服与国服"是玩家讨论的热点话题，进一步分析玩家讨论与之相关的内容有：

- 日服、国服更新，新歌内容。
- 宙斯和水军两种类型卡片的差异性。
- 国服贴纸、界面、觉醒、奖励、商店等游戏版本问题。

如图 8-51 所示。

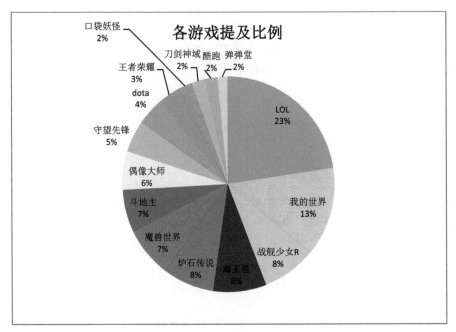

图 8-49

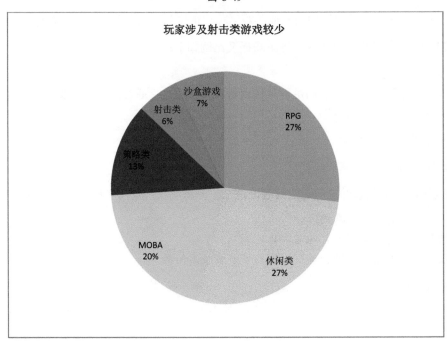

图 8-50

图 8-51

6. 游戏 bug、弃坑问题相关明细

（1）游戏相关 bug 如下：

- 四倍歌曲 bug
- 现在给的称号都不对
- 解锁称号有 bug、称号混乱 bug
- IP 显示 bug
- 无主线剧情 bug

（2）弃坑的原因主要有抽不到希望的 UR；不喜欢。明细如下：

- 如果出 UR 卡就继续玩，不出就"弃坑"
- 我觉得唯一不是很好玩的地方在于键位被固定了
- 抽不到卡，我就"弃坑"了
- 等到 8 月抽泳装卡，如果抽不到就"弃坑"
- 如果 10 连抽还是不出稀有卡牌，我就"弃坑"
- 抽不到就"弃坑"
- 特别是 8 月份的泳装卡，已经决定了，抽不到就"弃坑"
- 伤心了，要不是为了抽到海里卡，我真想"弃坑"了
- 游戏第一次打友情歌曲，子君那个唱腔啊，吓得我差点"弃坑"啊
- 准备"弃坑"，最近半年打歌毫无进展
- 我再来一次 11 连抽，没 UR 就"弃坑"
- 很多新人都会在刚开始就"弃坑"的，这游戏设置得不科学
- 反正都是要"弃坑"的，登不上去也就这样吧，毕竟现在一玩游戏总是有点失落

- 我单抽全出 R，所以我"弃坑"
- 水军加入游戏后我肯定会"弃坑"
- 再更新不了我就准备"弃坑"了
- 今天两首日替的歌曲，根本不能打满分
- 我现在切换页面加载时间怎么好长

（3）卡、闪退原因主要有手机配置、国服客户端兼容性、打歌不结算闪退。相关明细如下：

- 一打开主线剧情就卡死怎么办
- 卡死是客户端兼容性太差导致的
- 我有时候手机过热会卡死
- 开着语音打歌，结果直接卡死
- 我用的小米的 Android 7.1 系统；经常闪退
- 刚刚打完两首歌就闪退了
- 打完活动歌就闪退
- 只要剧情通关了一次后，再有下次就没奖励了
- 我游戏剧情闪退
- 这么多剧情，我的流量啊
- 进剧情闪退

7. 分析结论

通过以上详细分析，总结主要的结论如下：

（1）玩家讨论话题广泛涉及学业、游戏 bug/闪退、交友聊天。

（2）普遍对比日服与国服的差异性：二者更新内容、新歌、活动日；二者卡牌宙斯和水军 UR 画面比较。

（3）社员属性是玩家讨论的热点。

（4）8%的交流使用网络图片表达。

（5）21%（1383）的玩家提及其他游戏（《LOL》《我的世界》《海王星》《魔兽世界》《守望先锋》等），11%的玩家提及不想玩。不想玩的主要原因是得不到想要的 UR。

（6）玩家带有情感性语句仅占 0.6%，其中消极为 0.4%。

（7）建议：

- 玩家期望的 UR 在充值时概率性地送，或者参与活动时掉落；
- 玩家有手机卡死的迹象，学生普遍是中低档机型，高端机型较少，游戏在剧情方面应该考虑机型适配。

8.5.3　案例 3：《游戏 C》贴吧发帖记录分析

玩家集中讨论游戏的地方，除了游戏内、官方 QQ 群外，还有官方百度贴吧，以及一些相关的游戏论坛，其中官方百度贴吧是所有论坛中大多数玩家会反馈的地方，下面就以《游戏 C》为例，对玩家在百度贴吧的发帖记录进行分析。详情如下：

- 数据来源：《游戏 C》官方百度贴吧
- 数据日期：2014-01-01 至 2017-01-01
- 样本量：207741（帖子数）。其中，主题帖：19229；吧友帖：13944

贴吧记录分析的方法和《游戏 B》QQ 群聊天记录类似，主要差异在于 QQ 群聊天记录可以直接在 QQ 窗口导出，而贴吧记录需要写脚本爬取，常用的工具有 Python。

1．吧友活跃度

50%的吧友属于"潜水"观望类型，Leader 为本吧领袖，参与了 15.3%（2960 个）的话题讨论。5 个话题是吧友活跃度的分水岭。

如图 8-52 所示。

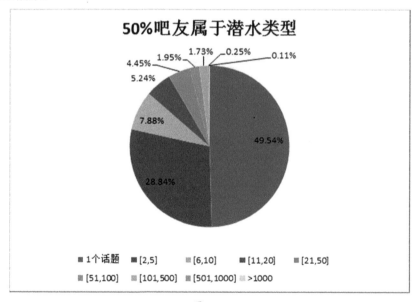

图 8-52

2．主题帖跟帖数分布

（1）3%的话题无人问津属于无效帖。

（2）跟帖数呈右偏态分布，跟帖数≤10 的话题占比达到 60%。

如图 8-53 和图 8-54 所示。

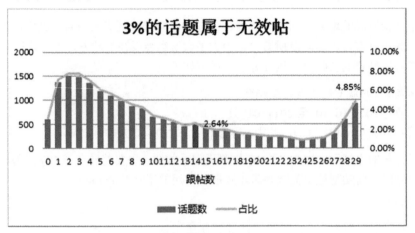

图 8-53

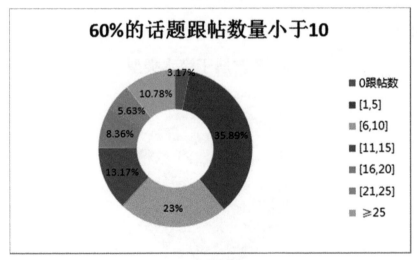

图 8-54

3. 跟帖热点

（1）卡牌属性讨论、日服剧情翻译是贴吧讨论内容的热点。

（2）单抽、技能、保底、游戏更新、下载成为游戏内容方面的热点。

如图 8-55 所示。

图 8-55

4．跟帖关键字涉及游戏

（1）范围宽泛，涉及游戏各环节（下载、注册、安装、登录、界面、剧情、版本等）。

（2）客户端问题（闪退、重启）、服务器、网络异常、游戏打歌、歌曲等成为游戏内容讨论聚焦点。

如图 8-56 所示。

图 8-56

5. 主题帖的情感倾向

有感情倾向的帖子占比 9%，消极倾向占比 7.32%，积极倾向占比 1.67%。如图 8-57 所示。

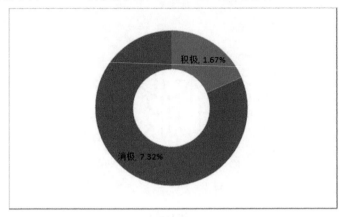

图 8-57

主题帖热点

（1）发帖主题涉及的多是新人求助、成长记录。

（2）一些资深玩家录制直播视频、翻译日服剧情、"吐槽"UR 等卡牌抽取结果。如图 8-58 所示。

图 8-58

6. 分析结论

（1）贴吧讨论内容涉及新手求助、直播、卡牌觉醒、日服剧情翻译等；

（2）50%的吧友属于"潜水"型，仅参与一次话题，5 个话题为吧友活跃分水岭；

（3）"求助"类型主题帖跟帖人数最多，求助内容包括（继承码、更新、活动、账号找回、iOS 数据包下载、氪金、换服）；

（4）无效帖占比 3%，有感情倾向帖子占比 9%，消极倾向占比 7.32%；

（5）1.9%的吧友提及不想玩或者"弃坑"，原因多指国服没有日服抽卡愉快，不是自己想要的卡牌；

（6）论坛中涉及 11 连抽直播较多，建议适当制作抽卡方面的视频，配合新手引导。

反侵权盗版声明

电子工业出版社依法对本作品享有专有出版权。任何未经权利人书面许可，复制、销售或通过信息网络传播本作品的行为；歪曲、篡改、剽窃本作品的行为，均违反《中华人民共和国著作权法》，其行为人应承担相应的民事责任和行政责任，构成犯罪的，将被依法追究刑事责任。

为了维护市场秩序，保护权利人的合法权益，我社将依法查处和打击侵权盗版的单位和个人。欢迎社会各界人士积极举报侵权盗版行为，本社将奖励举报有功人员，并保证举报人的信息不被泄露。

举报电话：（010）88254396；（010）88258888

传　　真：（010）88254397

E-mail：dbqq@phei.com.cn

通信地址：北京市万寿路173信箱　电子工业出版社总编办公室

邮　　编：100036